우주의 언어, 기하

기본 작도 연습

존 알렌John Allen

Drawing Geomerty © 2007 John Allen
Korean translation © 2016 by Green Seed Publication

이 책의 한국어판 저작권은 **Floris Books**와 독점 계약한
[사] 발도르프 청소년 네트워크 **도서출판 푸른씨앗**에 있습니다.
저작권법에 따라 한국 내에서 보호를 받는 저작물이므로 무단 전재와 복제를 금합니다.

우주의 언어, 기하_기본 작도 연습
1판 1쇄 발행 · 2016년 10월 31일

지은이 · 존 알렌
옮긴이 · 푸른씨앗 번역팀
　　　책임 번역 · 하주현
　　　기하 번역팀 · 문경환, 이상아

펴낸이 · 발도르프 청소년 네트워크 도서출판 푸른씨앗
　　　책임 편집 · 백미경 | 편집 · 최수진
　　　디자인 · 유영란, 이영희
　　　번역 기획 · 하주현
　　　마케팅 · 남승희 | 해외 마케팅 · 이상아
　　　총무 · 이미순

　　　등록번호 · 제 25100-2004-000002호
　　　등록일자 · 2004.11.26.(변경신고일자 2011.9.1.)
　　　주소 · 경기도 의왕시 청계동 440-1번지
　　　전화번호 · 031-421-1726
　　　전자우편 · greenseed@hotmail.co.kr
　　　홈페이지 · www.greenseed.kr

값 **18,000원**
ISBN 979-11-86202-10-4

도서출판
ㅍㄹㅆㅇ
푸른씨앗

우주의 언어, 기하

기본 작도 연습

존 알렌 지음 | 푸른씨앗 번역팀 옮김

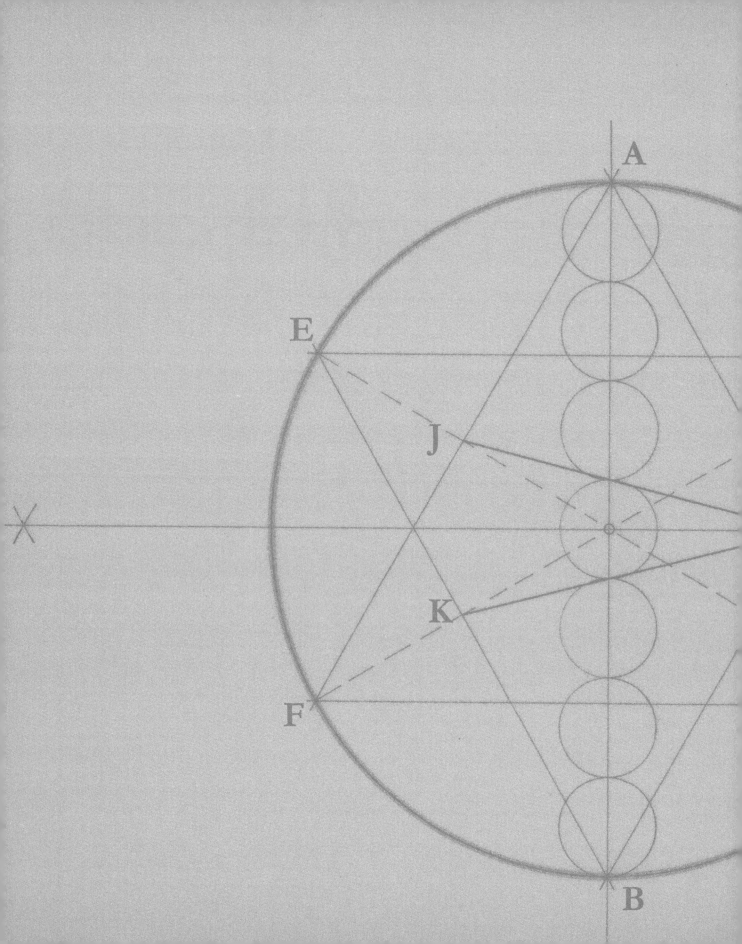

우주의 기하 Cosmic Geometry _Rex Raab

하느님께서 곱자를 들고

이 별에서 저 별까지 하늘을 측정하셨을 때

천사들이 계실 만남의 자리를 표시해두려

하늘을 가로지르는 둥근 선을 그어놓으셨네.

하늘 공간에서 선은 나누어지지 않아 원 둘레는 원의 중심과 일치해 있지.

인간의 유한한 정신으로 무한 속을 들어갈 수 있다면

우주는 나의 마음과 엮어지네.

나는 신의 아주 작은 부분

하늘의 별은 지상의 꽃에서 빛나고

지상의 시간 속에 영원히 깃들어 있네.

__렉스 랍 Rex Raab(1914-2004) 건축가이자 인지학자. 도시건축, 내부디자인, 가구디자인 작업
수많은 발도르프 학교 건축. 괴테아눔 내부 건축에 참여

차례

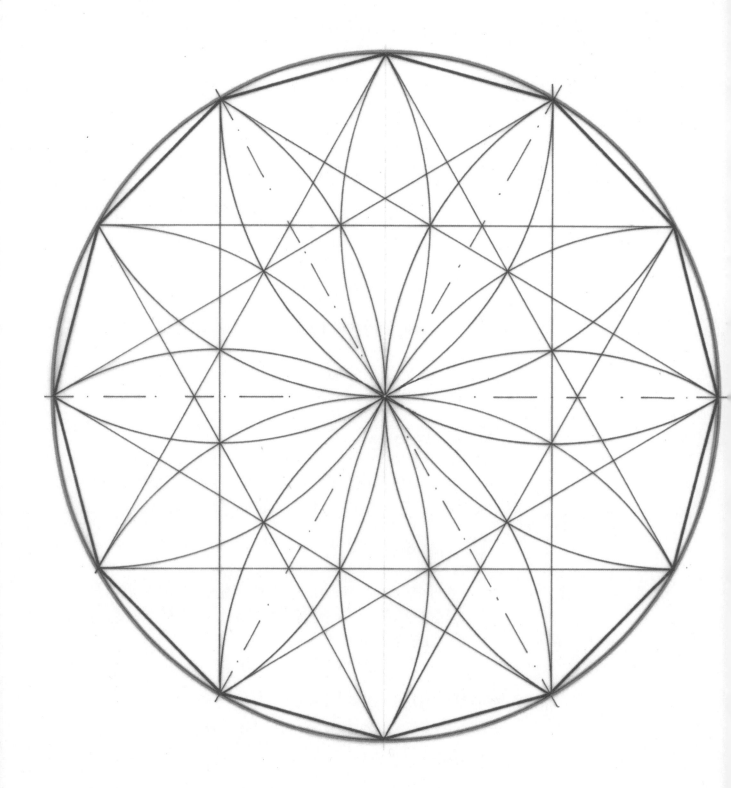

8

감사의 글

이 책에서 필자의 독창적인 연구라 부를 내용은 거의 없다.

또한 21세기 '보기 드문 최고의 개념적 지성',이며, 예술가이자 교사, 기하학의 대가인 키스 크리츨로우Keith Critchlow 교수와 20년 이상 함께 일하면서 얻은 열매에 속하지 않는 것도 거의 없다. 이 책을 낼 수 있었던 것은 모두 스승이자 동료인 크리츨로우 교수님의 도움이었음을 밝힌다.

사실 이 책은 여러 의미에서 기하학을 익히고 훈련하던 몇 해 동안 크리츨로우 교수님이 주신 자료를 모아 정리한 것이다. 필자에게 그랬듯 독자에게도 이 자료가 영감의 원천이 되기를 바란다.

모든 오류는 전적으로 필자의 잘못이다. 〈책속의 책〉(79쪽)에 수록한 '정확도 실증' 역시 마찬가지다. 〈책속의 책〉은 어릴때 문법학교,에서 배운 덕분에 조금 할 줄 아는 대수와 삼각법trigonometry을 이용했다.

출판사 플로리스 북스Floris Books, 특히 크리스토퍼 무어Christopher Moore에게 따뜻한 감사를 보낸다.

사랑하는 아내 클레어Clare에게도 깊은 감사를 전한다.

.....

1 버크민스터 풀러Buckminster Fuller(역주: 1895~1983. 미국의 건축가, 멘사의 두 번째 회장)가 키스 크리츨로우 교수를 두고 했던 말. 그 역시 세기의 지성으로 크리츨로우의 진가를 정확히 알아보았다.

2 그곳에는 도형Figures, 원리Rudiments, 문법Grammar, 기초Elements, 구문Syntax, 시학Poetry, 수사학 Rhetoric과 같은 과목 명칭에 고전 (교양) 교육의 자취가 남아있었다.

추천 서문

기하학geometry의 그리스 어원을 따라가 보면 글자 그대로 '지구geo 측량학me-try'을 의미한다. 이 객관적 분야의 위상을 높이고자 플라톤은 '입체stereo 측량학metry' 또는 '공간 측량학'이라 부르기를 제안했다. 보다 추상적이고 광범위하며, 객관성의 근원에 더 가까운 표현이기 때문이다.

전통 예술과 과학의 통합이 목표인 교육 자선단체 〈카이로스Kairos〉 (설립자_크리즐로우)는 1984년 설립한 이래 기하의 신성하고 철학적인 측면을 널리 알리는 데 중점을 두고 활동해왔다. 〈카이로스〉는 수많은 학생과 예술, 건축 종사자에게 다양한 영감과 활동을 촉진했으며, 개인적 깨달음의 원천이 되었다. 존 알렌은 이 책에서 그간의 수많은 '발견'을 하나로 모았다. 모든 작도의 출처를 밝히는 것은 불가능하기에 수십 년 동안 〈카이로스〉 활동에 참가한 수많은 사람에게 감사를 전하는 것으로 갈음하고자 한다. 그 중에는 〈왕세자 재단 전통 예술 학교 Prince's School of Traditional Arts〉의 VITA(이슬람 및 전통 시각 예술Visual Islamic and Traditional Arts) 프로그램에서 나에게 배웠던 학생들에게도 감사를 전한다. 또한 저자인 존에게 객관성을 더욱 확실히 할 수 있도록 대수를 이용해서 작도의 정확성을 계산해보라고 제안했으며, 그 결과는 〈책속의 책〉에 수록되어 있다. 하지만 이 책을 집필하겠다는 의지와 의도는 오로지 존에게서 나왔다.

기하학은 본래 철학이었고, 따라서 많은 이에게 기하는 신성 예술이자 신성 과학이었다. 기하는 인류 문명 발달에 많은 공헌을 한 사람들이 받았던 교육의 네 가지 의무 과목 중 하나였다. 다른 세 과목, 또는 보편한 객관성의 원리는 다음과 같다. 첫째는 순수한 수를 바탕으로 한 산술, 둘째는 수의 시간성에 근거한 음악, 셋째는 시간과 공간을 모두 아우르는 수인 천문학.(고대 현자들은 천문학을 점성

학과 동의어로 사용했다) 따라서 이암블리코스(피타고라스학파를 대표하는 고대 그리스 철학자)는 '수'를 인간의 사고가 '신의 사고' 또는 '지성의 제 일 원리First Principles of Intelligibility'에 가장 가까이 갈 수 있는 수단으로 여겼다.

고대 사상가인 피타고라스, 플라톤, 아리스토텔레스, 유클리드가 활동하던 시절에는 쓰고 읽을 수 있는 숫자 체계가 없었다는 사실을 아는 사람은 그리 많지 않다. 당시에는 수를 알파벳 문자 또는 둥근 자갈을 가장 중요한 수단으로 이용해서 표현했다.(자갈을 의미하는 khalix라는 그리스 단어는 나중에 오늘날 사용하는 '계산calculation'의 어원인 라틴어 calcis가 되었다) 이 자갈을 줄로 나란히 엮은 것이 주판이다.

둥근 자갈은 기하와 산술 모두에게 아주 중요한 원천이다. 기하에서 자갈 하나는 '점'을, 두 개는 '선'(양 끝에 자갈을 하나씩 놓는다)을 의미했다.자갈 세 개는 삼각형 면(바닥에 누운)의 자연스런 표상이었고, 마지막으로 네 개는 사면체라는 첫 번째 입체도형이 되었다. '점', '선', '면', '입체'의 의미와 형태에 대한 통합적 접근이 나의 첫 번째 저서『우주의 질서Order in Space』의 바탕이다.

따라서 기하는 최소한 4중적 학문이다. 첫째, 순수하고 보편한 객관성에 (전통적인 의미에서는 원형archetype이라는 변치 않는 신의 사고 속에) 근원을 둔다. 둘째, 철학적, 실재적인 신의 계시를 각각에 맞는 방법으로 입증하는 철학적 표현이자 실제적 표현이다. 셋째, 기하 활동에 참가하는 모든 사람의 영혼 발달을 돕는 훈련 수단이다. 마지막으로 현세를 위한 사물을 만드는 사람들에게는 실용적인 공예 원리다. 이 책에서 존 알렌은 직접 그린 멋진 그림과 함께 우리 시대의 '제작자들' 즉 예술가, 디자이너, 건축가 들에게 훌륭한 도구를 제공한다. 〈카이로스〉에서 활동하는 우리들은 이 책이 기하를 생업으로 삼은 사람들을 시간을 초월한 기하의 심오한 영역으로 안내하기를, 우리가 시간의 굴레를 벗고 영원한 자유로 넘어가게 해주는 신비와 맞닿아있는 기하의 본성과 만나게 해주기를 희망한다. 불확실성의 압제에서 벗어나 확실성 속에서 진정한 본향을 찾을 수 있는 길이 오직 여기에 있기 때문이다. 옛 방법과 새로운 방법의 정수만 골라 담은 이 책은 대단히 훌륭한 출발점이 되어줄 것이다. 이 책을 통해 심오한 신비를 담은 의미 속으로 들어갈 수 있기를, 그것을 통해 영혼을 고양할 수 있기를 희망한다.

키스 크리츨로우[1]

2007년 3월

.....

[1] 역주: Keith Critchlow(1933~) 영국 왕립 예술학교Royal College of Art 에서 이슬람과 전통 시각예술 프로그램Visual Islamic and Traditional Arts Program을 창립했으며 명예교수로 재직 중. 신성기하학과 신성건축학 전문가

서문

2차원 기하를 손으로 작도하는 방법에 대한 실용적인 안내서인 이 책에서 작도하는 기본 정다각형(삼각형, 사각형, 오각형 등)은 기하의 기본 토대에 해당한다.[1] 정다각형은 모두 원(일원성의 상징) 안에 들어간다는 사실에 심오한 진리가 담겨 있다.

이 책에서는 삼차원 기하 또는 문양 만들기는 다루지 않는다. 건축 설계에 쓰는 기하, 비율, 숫자 상징과 기하의 관계, 또는 철학이나 우주론에 나오는 기하의 위상에 대해서도 언급하지 않는다. 모두 기하가 주요한 역할을 하는 영역이지만, 여기서 다루기에는 너무 방대한 주제들이다. 이 주제들은 이 책에서 직접 언급하지는 않는다 해도 객관적이며(개인적 상상의 소산이 아니라) 시간이 흘러도 변치 않는 속성을 지닌 기하와 동행하는 보편적인 공명의 장으로 존재한다. 그렇기 때문에 플라톤 학파의 전통에서는 기하의 특질을 '영원한 진리'라고 설명한다.

이 책에 수록한 모든 도해는 손으로 그렸다. 손으로 작도하는 행위는 그 자체로 큰 가치가 있다. 컴퓨터의 힘을 빌리고 싶은 유혹 앞에서 다시 한번 생각해 보자. 컴퓨터를 이용한 기하 작도에서 우리는 무언가를 잃어버린다. 기계의 정확도가 아무리 매혹적이라 할지라도 거기에는 '심장'이 없다. 그리고 우리 인간은 참여자가 아닌 관찰자의 위치로 미묘하게 이동한다. 가치 있는 행위라면 그만큼 시간과 노력을 들일 필요가 있으며, 최종 결과물뿐만 아니라 과정에서도 많은 것을 얻을 수 있다. 저장과 수정, 전송의 편리함 때문에 손으로 그리는 행위를 포기하는 것은 참으로 안타까운 일이 아닐 수 없다. 사실 컴퓨터 작도에서 잃어버리는 가장

.....

[1] '다각형'은 말 그대로 각이 여러 개라는 뜻이다. '정'다각형은 다각형 중에서 모든 변의 길이(와 모든 각의 크기)가 동일한 경우를 말한다.

중요한 측면은 기하가 세상에 존재하는 모든 방법 중 가장 효과 있고 강력한 명상 수단이자 영감을 주는 창조 행위라는 점이다. 주변의 자연계와 예술사 및 세계 건축 또는 과학의 세계를 보면 '진리'와 '아름다움' 곁에 항상 기하가 나란히 존재하는 것을 발견할 것이다.

이 책에 수록한 작도의 정확도는 100%이다. 그렇지 않은 경우에는 따로 언급해 두었다. 100%가 아닌 것들도 거의 그에 준하는 수준(보통 99% 정도)이다.[1] 각자의 정확도에 따라 실재 그림의 오차는 제각각이겠지만, 작도할 때 최대한 주의를 기울이고 꾸준히 연습하다보면 점점 나아질 것이다.

작도할 때의 주의력이 얼마나 예리한지(그리고 연필심이 얼마나 뾰족한지!)를 점검하고 싶다면 정육각형을 작도해보면 된다.(그림 6.1과 6.2) 이는 모든 종류의 기하 수업 도입부에 '몸 풀기' 연습으로도 아주 유용하다. 원둘레를 따라 컴퍼스를 여섯 번 돌려 정육각형의 한 변을 표시했을 때 정확히 출발점으로 돌아오는가 아니면 살짝 어긋나는가를 보라. 이 작도는 완벽하게 정확한 것이므로 제자리로 돌아오지 않았다면 자신의 작도 기법 어딘가가 정확하지 않다는 반증이 된다. 연필심이 뾰족한지, 컴퍼스의 철심이 정확한 자리에 놓였는지 확인하면서(컴퍼스를 쥐지 않은 반대 손을 받침대로 사용한다) 다시 한 번 작도해보라. 대부분의 경우 조금만 신경 써서 몇 번 연습하면 작도 실력이 눈에 띄게 좋아지는 것을 느낄 수 있을 것이다. 또 정육각형 작도 연습은 이보다 훨씬 복잡한 작도에서 어느 수준으로 주의를 기울여야 하는지를 알려주는 효과도 있다.

책에 소개한 모든 작도는 아무 페이지나 펼쳐도 그릴 수 있도록 구성했기 때문
......

---

[1]   수학 계산과 정확도에 관한 간단한 설명은 〈책속의 책〉에 수록했다.

에 처음부터 끝까지 순서대로 다 그릴 필요는 없다. 하지만 기하 작도에 익숙하지 않은 독자라면 앞쪽부터 시작하는 편이 효과적이다. 가장 쉽고 단순할 뿐만 아니라 복잡한 작도에 필요한 기초를 하나씩 터득할 수 있기 때문이다.

기하학 초보자에게 이 책의 단계별 설명이 명확하고 그림 그리는데 실제로 도움이 되는 내용이 되기를 바란다. 또한 오랫동안 기하를 해왔고 가끔씩 어떤 기법이 생각나지 않을 때 뒤져보는 용도로 이 책을 이용하는 독자에게는 원하는 정보를 제공하는 동시에 아주 약간만 더 생각해볼 여지를 줄 수 있기를 바란다.

이 책이 쓸모 있으면서도 흥미로울 뿐만 아니라 독자들이 세상 만물에 깃든 기하에 눈 뜰 수 있도록 도울 수 있다면 세상에 내놓은 보람이 충분할 것이다.

2 사전 준비

다음과 같은 도구를 준비한다.

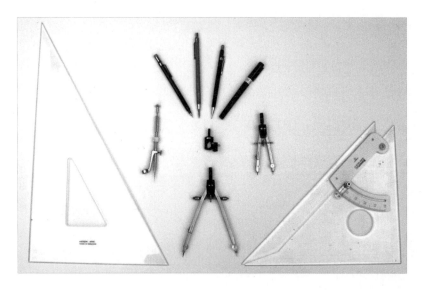

작도용 도구 모음

30:60 삼각자(맨 왼쪽)
각도 조절용 삼각자(맨 오른쪽)
컴퍼스(아래)
펜 끼우개(가운데)
작은 컴퍼스(오른쪽)
작은 원 그리는 도구(점찍는 용도로는 컴퍼스보다 낫다, 왼쪽)
여러 가지 연필과 제도용 펜(맨 위)

⋯ 성능 좋은 컴퍼스(간격을 벌린 뒤 나사로 고정시킬 수 있는 형태가 좋다)와 펜 끼우개
(잉크 펜이나 색연필 사용에 대비)
컴퍼스를 크기별로 여러 개를 놓고 작도 중 필요한 여러 반지름에 맞춰 사용
하면 편리하다.(필수는 아님)

⋯ 연필(심 색깔을 바꿀 수 있는 형태가 좋다)과 제도용 펜(잉크로 작도할 때)

⋯ 곧은 자(막대 자 또는 삼각자)

⋯ 종이(잉크 작도용 투사지, 연필 작도용 일반 도화지, 수채화로 색을 입히려면 수채화 종이)

⋯ 나무판이나 화판(컴퍼스의 철심으로 반복해서 찔러도 괜찮은 것)

⋯ 밝고 환한 작업 공간(자연광이 이상적)

정확한 작도를 위한 요령

⋯▶ 연필심은 항상 뾰족하게 깎아둔다.

⋯▶ 컴퍼스를 쥐지 않은 손으로 컴퍼스의 철심을 원하는 위치에 놓는다. 철심의 위치를 정확하게 잡을수록 작도가 정확해진다.

⋯▶ 작도 중 의도치 않게 컴퍼스를 벌린 정도가 달라지지 않았는지 주기적으로 확인한다.

⋯▶ 시작하기 전에 완성된 그림을 종이 위에 어떻게 놓을지 확인한다.(그림의 중간 부분에서 작도를 시작할 때도 있지만 왼쪽이나 오른쪽에서 시작하는 경우도 많다) 사용하는 컴퍼스로 작도에서 요구하는 가장 큰 원호(보통 맨 처음 그리는 원의 지름에 해당한다)를 그릴 수 있는지도 확인한다.

⋯▶ 잉크로 그리기 전에 먼저 연필로 밑그림을 그려둘 것을 권한다.

자연에서 작도하기

해변(먼저 그림 그리기에 적당한 모래사장을 찾아야 한다)이나 단단한 흙바닥인 운동장에 아주 커다랗게 작도해보는 것도 가능하며 사실 아주 즐거운 경험이 된다. 이런 곳에 그림을 그리려면 친구 몇 명과 함께 약간 다른 도구들이 필요하다. 모래사장에 그림을 그릴 때는 쇠말뚝[1]과 작은 망치, 색색의 실이 필요하다. 운동장에 그릴 때는 쇠말뚝, 실, 분필, 집지을 때 사용하는 분필선 도구가 필요하다.

⋯⋯

1 원과 호를 그릴 때 줄의 한쪽 끝을 고정시키는 용도. 허가받지 않은 곳에 함부로 망치질해서 말뚝을 박아선 안 된다.

저자와 친구들이 야구장에서 기하 작도를 하고 있다.

삼각형 : 세 변으로 이루어진 도형

3

원에 내접하는 정삼각형 작도하기

(그림 3.1) 1단계

⋯▸ 수직선을 그린다.

⋯▸ 그 위에 찍은 점 O를 중심으로 원$_1$을 작도
하면 원과 직선의 교차점 A와 B가 생긴다.

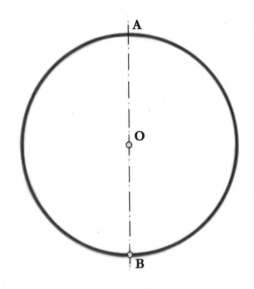

(그림 3.2) 2단계

⋯▸ 컴퍼스의 중심을 점 B에 두고 처음 원과 같은 반지름으로 원호를 그린다.

⋯▸ 이 원호는 점 O를 지나면서 점 C와 D에서 원 O와 교차한다.

⋯▸ 세 교점 A, C, D를 연결한다. ACD는 정삼각형이다.

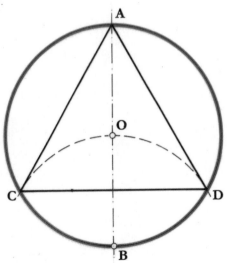

……

1　이 원을 '원 O'라 부를 수도 있다.

주어진 선분으로 정삼각형 작도하기

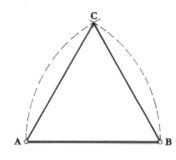

(그림 3.3)

⋯⋅ 주어진 선분 AB에 컴퍼스의 간격을 맞춘다.

⋯⋅ 점 A와 B를 중심으로 원호를 그려 교점 C를 구한다.

⋯⋅ 점 A, B, C를 연결한 도형 ABC는 정삼각형이다.[1]

(그림 3.4)

⋯⋅ 점 A와 B를 중심으로 하는 원을 완성하면 베시카 피시스Vesica Piscis[2]라고 부르는 형태가 나온다.

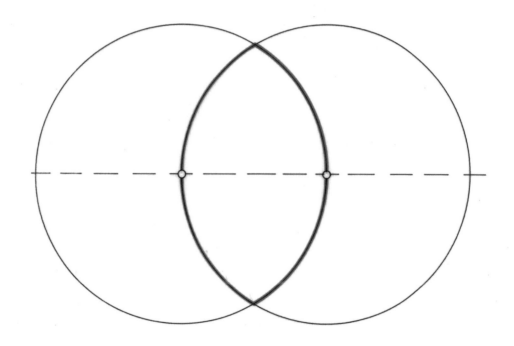

⋯⋯

1 이것이 유클리드의 『원론The Elements』 '첫 번째 명제'의 근거다.

2 이 형태는 기독교 예술에서 매우 심오한 의미를 지니며, 전 세계에 보편하게 '창조의 자궁'을 상징하고 있다.

21

원에 내접하는 정사각형 작도하기

(그림 4.1)

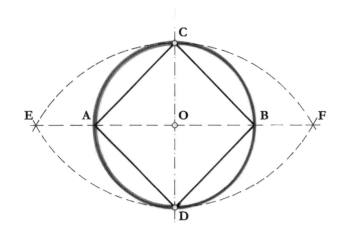

→ 주어진 원의 중심 O를 지나는 수직선 CD를 긋는다.

→ 컴퍼스의 중심을 점 C에 두고 CD의 거리를 반지름으로 점 D를 지나는 원호 EF를 그린다.

→ 컴퍼스의 중심을 점 D에 두고 같은 반지름으로 점 C를 지나는 원호 EF를 그린다.

→ 점 E와 F를 직선으로 연결하면(선분 CD에 대해서 직각이 된다) 처음 원 위의 점 A, B에서 만난다. 도형 ACBD는 정사각형이다.

→ 이렇게 하면 대부분의 사람들이 '다이아몬드'라고 인식하는 '역동적인' 정사각형이 나온다. (추천 도서, 크리츨로우 『이슬람 문양Islamic Patterns』 참고)

(그림 4.2)

→ 위 그림에서 처음 원과 동일한 반지름으로 컴퍼스의 다리를 맞추고

→ 점 A, C, B, D를 중심으로 각각의 원호를 그리면 새로운 교점 G, H, J, K가 생긴다.

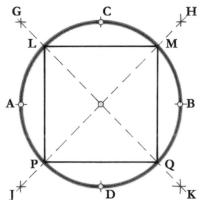

→ 점 G와 K 그리고 점 J와 H를 연결하면 처음 원과 점 L, M, Q, P에서 교차한다.

→ 이 점들을 연결하면 '정적인' 정사각형 LMQP가 나온다.

주어진 선분으로 정사각형 작도하기

(그림 4.3) 1단계

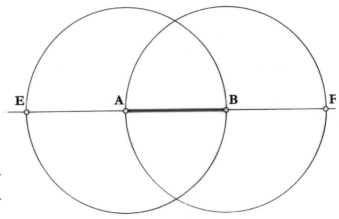

···→ 임의의 선분 AB의 길이를 반지름
　　으로 점 A와 B를 중심으로 하는 두
　　개의 원을 그린다.

···→ 선분 AB를 연장해 두 원과 교차하는 점 E, F를 찍는다.

(그림 4.4) 2단계

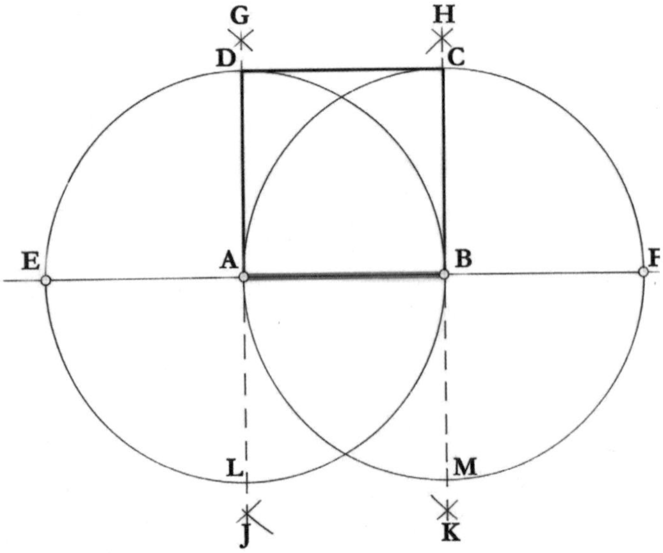

···→ 선분 EB 길이의 3/4을 반지름으로,
　　중심을 점 E와 B에 두는 원호를 처
　　음 원의 위와 아래에 그린다.

···→ 점 F와 A를 중심으로도 동일한 과
　　정을 거쳐 원호를 그린다. 이들 원
　　호는 점 G, H, J, K에서 교차한다.

···→ 점 G와 J를 연결하면 점 D에서 원과 교차하고, 점 H와 K를 연결하면 점 C에
　　서 교차한다. 도형 ABCD는 정사각형이다.

···→ 같은 방법으로 정사각형 ABML도 얻을 수 있다.

5

원에 내접하는 정오각형 작도하기

방법_1

(그림 5.1) 1단계

⋯ 점 O를 중심으로 원(원 O)을 그린다.

⋯ 수평으로 지름 AB를 그린다.

⋯ 원 O와 같은 반지름으로 점 A와 B를 중심으로 점 O를 지나는 원호 EC와 FD를 그린다.

⋯ 점 C, E와 점 D, F를 연결하면 지름 AB를 4등분 하는 점 G, H가 생긴다.

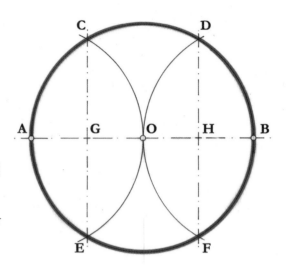

(그림 5.2) 2단계

⋯ 점 G, H를 중심으로 선분 GO를 반지름으로 하는 두 개의 원을 그린다. 두 개의 작은 원은 처음 그렸던 원의 1/8이다.

⋯ 두 반원을 위 아래로 연결하면 서로 얽힌 이원성 (음양)을 상징하는 유명한 문양이 나온다.

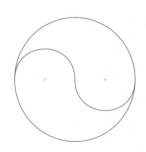

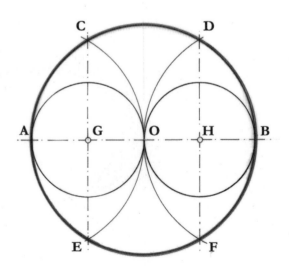

26

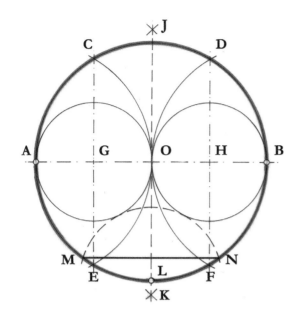

(그림 5.3) 3단계

⇢ 점 A부터 점 H까지의 길이, 또는 더 긴 반지름으로 점 A와 점 B를 중심으로 하는 호를 원 O의 위아래에 그리면 교점 J와 K가 생긴다.

⇢ 점 J와 K를 연결하면 점 O를 지나면서 원 O와 점 L 에서 만나는 수직축을 그을 수 있다.

⇢ 점 L에서 작은 원 G, H와 동시에 접하는 호를 그리면 원 O와 점 M, N에서 만난다.

⇢ 선분 MN은 정오각형의 밑변이다.

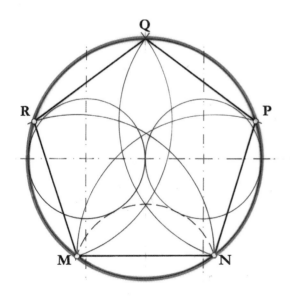

(그림 5.4) 4단계

⇢ 점 N과 M을 중심으로 선분 MN을 반지름으로 하는 두 개의 호를 그어 교점 P와 R을 구한다.

⇢ 같은 반지름으로 점 P와 점 R을 중심으로 호를 그려 서, 수직축(JK) 위에 있으면서 처음 원과 만나는 점 Q를 구한다.

⇢ MNPQR은 정오각형이다.

방법_2

(그림 5.5) 1단계

- ┈› 점 O를 중심으로 선분 OA를 반지름으로 하는 원을 그린다.
- ┈› 수평으로 지름 AB를 그린다.
- ┈› 원 O와 같은 반지름으로 컴퍼스의 중심을 점 B에 두고 원호를 그려, 원 O를 지나는 점 C와 D를 구한다.
- ┈› 점 C와 D를 연결한다. 이때 생기는 점 E는 선분 OB를 이등분한다.
- ┈› 점 A와 B를 중심으로 적당한(원 O의 반지름 보다 크게) 반지름의 원호를 그려 두 교점을 찾는다.
- ┈› 이 교점을 이어 원의 중심 O와 원 위의 점 F를 지나는 수직선을 세운다.

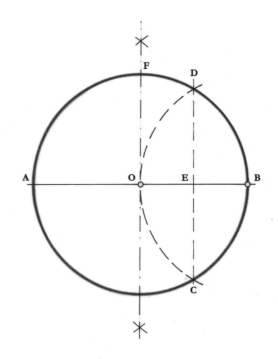

(그림 5.6) 2단계

- ┈› 컴퍼스를 점 E에 놓고 반지름 EF로 수평축(지름 AB)을 지나는 원호를 그어 교점 G를 찾는다.
- ┈› 점 F를 중심으로 선분 FG를 반지름으로 하는 원호를 그어 원 O와 만나는 점 H와 J를 찾는다.
- ┈› 이 새로운 두 점에서 같은 반지름으로 점 K와 L을 찾는다.
- ┈› FJKLH는 정오각형이다.

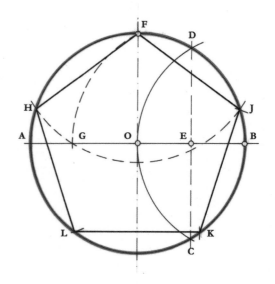

베시카 내부에 정오각형 작도하기

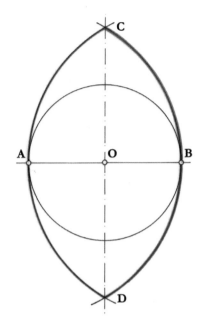

(그림 5.7) 1단계

⋯ 점 O를 중심으로 원을 그린다. 수평으로 지름 AB를 그리고 점 A와 B에서 지름 AB를 반지름으로 하는 원호를 그려 베시카를 작도한다.

⋯ 베시카의 원호가 교차하는 점 C와 D에서 중점 O를 지나는 수직축을 그린다.

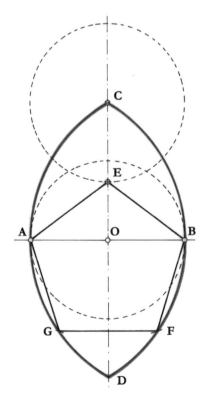

(그림 5.8) 2단계

⋯ 원 O의 반지름에 컴퍼스를 맞추고 점 C를 중심으로 원을 그린다. 이 원은 수직축과 점 E에서 교차하며, 이 점은 정오각형의 맨 위 꼭짓점이 된다.

⋯ 컴퍼스의 중심을 점 E에 두고 지름 AB를 반지름으로 하는 원을 그려 베시카를 지나게 하면 점 F와 G가 생긴다.

⋯ EBFGA는 정확도 99.25%인 정오각형이다.(폴 마찬트 Paul Marchant 작도)

정육각형에서 정오각형 작도하기

(그림 5.9)

→ 먼저 '생명의 꽃' 문양을 그린다.(그림 6.1과 6.2 참고)

→ 컴퍼스의 중심을 점 A에 놓고, 임의의 반지름(지름의 3/4 보다 큰)으로 원의 위쪽과 아래쪽에 원호를 그린다.

→ 컴퍼스의 중심을 점 B로 옮겨 동일한 방법으로 원호를 그리면 수직축을 그릴 교점이 만들어진다.

→ 점 C, D, F, E를 차례로 연결하면 직사각형 CDFE가 나온다.($\sqrt{3}$ 직사각형)

→ 꽃잎 A와 B의 아래선과 직사각형이 교차하는 지점을 각각 점 G와 H라고 표시한다.

→ 점 H와 E, 점 G와 F를 연결한다.

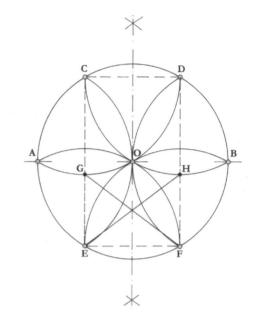

(그림 5.10)

→ 선분 EH와 GF는 수직축 위의 점 K에서 교차한다.

→ 두 변 EK와 KF는 정오각형의 변이고, 점 K는 정오각형의 맨 위 꼭짓점이다.

→ 컴퍼스의 중심을 점 F에 놓고 원 O와 동일한 반지름으로 앞서 그렸던 원호 EOB를 연장하여 온전한 원을 만든다.

→ 같은 방법으로 점 E를 중심으로 원호 AOF를 연장하여 원을 완성한다.

→ 컴퍼스의 중심을 점 K에 두고 같은 반지름으로 원호를 그려 새로 그린 두 원을 교차하는 정오각형의 마지막 두 점 L과 M을 얻는다. 이 작도의 정확도는 99.4%이다.

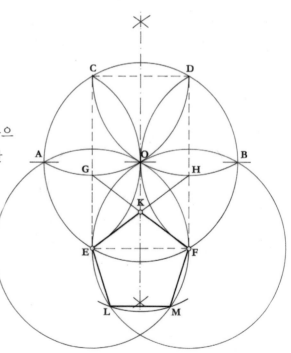

주어진 선분으로 정오각형 작도하기

방법_1

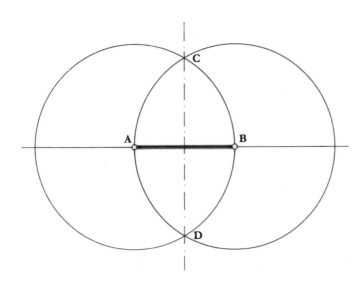

(그림 5.11) 1단계

⋯► 임의의 선분 AB를 긋고, 점 A와 B를 중심으로 반지름 AB인 두 개의 원을 그린다.

⋯► 선분 AB를 두 원과 만나도록 연장한다.

⋯► 두 원의 교점 C와 D를 연결하여 수직선을 그린다.

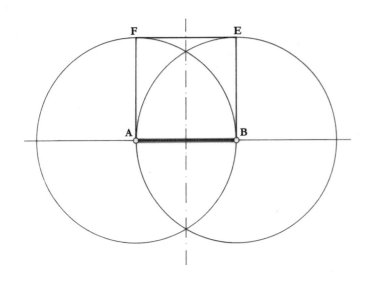

(그림 5.12) 2단계

⋯► 선분 AB를 밑변으로 하는 정사각형 ABEF를 작도한다.(그림 4.4 참조)

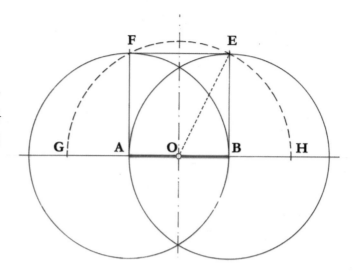

(그림 5.13) 3단계

⇢ 컴퍼스의 중심을 점 O에 두고 반지름
  OE(정사각형 절반의 대각선)인 원호를
  점 E와 F를 지나게 그리면 수평축과 점
  G와 H에서 만난다.

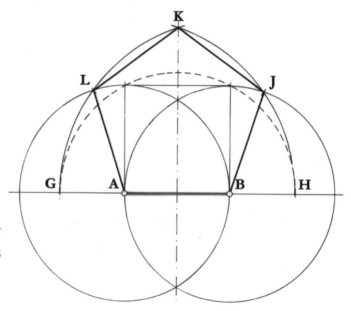

(그림 5.14) 4단계

⇢ 컴퍼스의 중심을 점 A에 두고 컴퍼스 간
  격을 AH에 맞추어, 지름 위쪽으로 원 B
  위의 점 J에서 교차하고, 수직축과는 점
  K에서 교차하도록 원호를 그린다.
⇢ 같은 방법으로 컴퍼스의 중심을 점 B에
  두고 반지름이 BG(AH와 같다)인 원호를, 점 K와 만나고 원 A 위의 점 L에
  서 만나도록 그린다.
⇢ 점 A, B, J, K, L을 잇는다. ABJKL은 정오각형이다.

방법_2 [1]

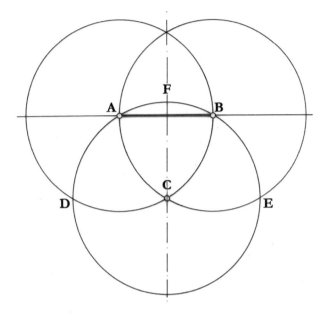

(그림 5.15) 1단계

⋯ 선분 AB를 그린 뒤 양 끝점 A, B를 중심으로 반지름이 AB인 두 개의 원을 그린다.

⋯ 두 원의 교점을 이용해서 수직선을 긋는다.

⋯ 점 C를 중심으로 같은 반지름으로 세 번째 원을 그린다. 이 원은 수직선과 점 F에서 만나고, 처음 그린 두 원과는 각각 점 D와 점 E에서 만난다.

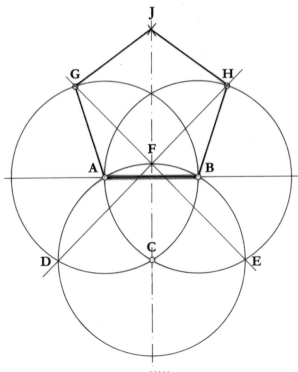

(그림 5.16) 2단계

⋯ 점 D에서 점 F를 지나는 직선을 그어 원 B와 만나는 점 H를 구한다.

⋯ 같은 방법으로 점 E에서 점 F를 지나는 직선을 그어 원 A와 만나는 점 G를 찾는다.

⋯ 점 H와 점 G에서 원 위쪽에 같은 반지름 AB로 원호를 그려 수직축과 만나는 점 J를 구한다.

⋯ ABHJG는 정오각형이다. 정확도는 99.66%이다.

---

1 이 작도를 처음 발견하고 이용한 사람은 알브레히트 뒤러Albrecht Dürer이며, 이 사실을 언급한 사람은 존 미첼John Mtchell(추천도서 『신탁의 도시City of Revelation』 p.75 참고)이다.

다음과 같이 한 단계를 더 만들면 위 작도(그림 5.16)의 정확도를 더 높일 수 있다.

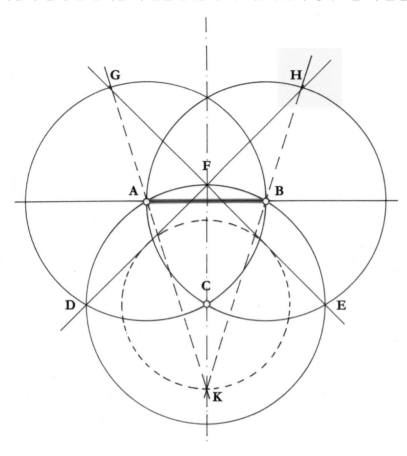

(그림 5.17) 정확도 높이기

···▶ 컴퍼스의 중심을 점 C에 놓고, 직선 DH와 직선 EG에 접하면서 대칭축 위의
   점 K에서 만나는 원을 그린다.

···▶ 점 K에서 시작해서 점 B를 지나는 직선을 그으면 원 B 위의 점 H 근처에서
   만나게 된다.

···▶ 마찬가지로 점 K에서 시작해서 점 A를 지나는 직선을 그으면 원 A 위의 점
   G 근처에서 만나게 된다. 이 새로운 두 점으로 만든 정오각형의 정확도는
   97.96%이다.

···▶ 하지만 이 점 역시 앞서의 작도(그림 5.16)처럼 완전히 정확한 위치는 아니
   다. 따라서 보다 정확한 정오각형 꼭짓점의 위치는 원 B를 지나는 두 직선
   (KH, DH) 사이와 원 A를 지나는 두 직선(KG, EG) 사이에 있다. 점 H를 확
   대한 그림을 참조하라.

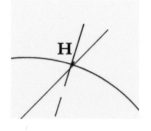

방법_3

⋯ 선분 AB 위에 점 A와 점 B를 중심으로 반지름이 AB인 두 원을 그린다.

⋯ 두 원의 교점 C와 D를 연결하여 중심 O를 지나는 수직선을 긋는다.

⋯ 선분 AB를 원 바깥으로 연장하면 교점 E와 F가 나온다.

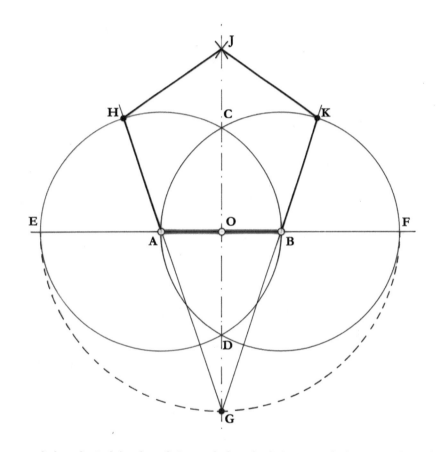

⋯ 컴퍼스의 중심을 점 O에 놓고 아래쪽에 선분 OE를 반지름으로 하는 원호를 그려 수직선과 점 G에서 만나게 한다.

⋯ 점 G에서 각각 점 A와 점 B를 지나는 직선을 그으면, 두 원과 점 H와 점 K 에서 만난다.

⋯ 점 H와 K에서 위쪽으로 반지름 AB인 원호를 그려 교점 J를 구한다.

⋯ ABKJH는 정오각형이며, 정확도는 97.6%이다.

6

원에 내접하는 정육각형 작도하기

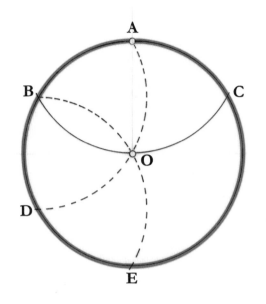

(그림 6.1) 1단계

⋯ 점 O를 중심으로 반지름 AO인 임의의 원을 그린다.(점 A는 원둘레 위에 있는 임의의 한 점)

⋯ 컴퍼스의 중심을 점 A에 두고 같은 반지름으로 원호를 그리면 원 O와의 교점 B와 C가 생긴다.

⋯ 점 B를 중심으로 반지름이 같은 원호를 그려, 중심 O를 지나면서 원 O와의 새로운 교점 D를 구한다.

⋯ 같은 방법으로 점 D를 중심으로 점 B에서 시작하는 원호를 그려 새로운 점 E를 구한다.

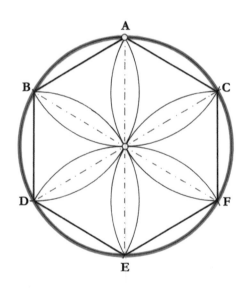

(그림 6.2) 2단계

⋯ 위와 같은 방법으로 점 E, F, C를 중심으로 원을 따라 돌며 원호를 그리면 그림 6.2 형태가 나온다.

⋯ ABDEFC는 6개의 이등변삼각형으로 이루어진(점선 참조) 육각형이다. 이 문양을 '창조의 꽃'이라 부른다. 이 문양이 가장 많이 거론되지만 유사한 다른 문양도 많다. 원을 등분해서 만들 수 있는 비슷한 유형의 모든 문양을 아래에 모아놓았다.(카이로스 재단 제공)

정신의 꽃

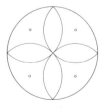

요소의 꽃

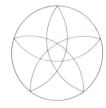

생명의 꽃

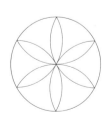

창조의 꽃

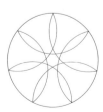

지성의 꽃

주어진 선분으로 정육각형 작도하기

(그림 6.3) 1단계

⋯▸ 선분 AB를 그리고 점 A와 점 B를 중심으로 반지름이 AB인 두 개의 원을 그린다.

⋯▸ 두 원의 위쪽 교차점 O를 중심으로 같은 반지름의 원을 그리면, 점 A와 점 B를 지나면서 처음 두 원과 점 F, C에서 만난다.

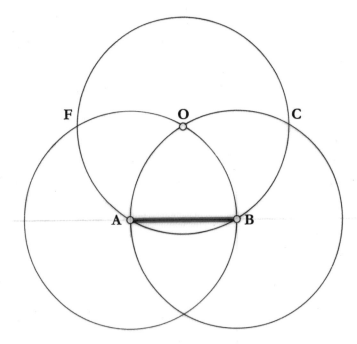

(그림 6.4) 2단계

⋯▸ 같은 반지름으로 점 C를 중심으로 원호를 그려 교점 D를 찾고

⋯▸ 점 F를 중심으로 원호를 그려 교점 E를 찾는다.

⋯▸ ABCDEF는 정육각형이다.

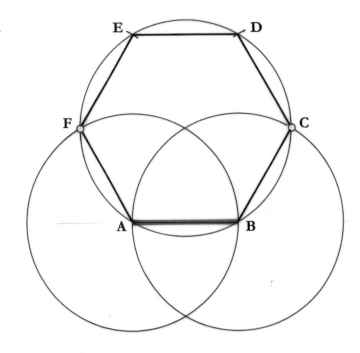

칠각형: 일곱 개의 변으로 이루어진 도형

7

원에 내접하는 정칠각형 작도하기

방법_1

(그림 7.1) 1단계

- ⋯ 점 O를 중심으로 임의의 원을 그린다.
- ⋯ 수직방향 지름과 원이 만나는 교점 C, D 를 그린다.
- ⋯ 점 C를 중심으로 반지름이 CD인 원호를 점 D를 지나게 그린다.
- ⋯ 점 D를 중심으로 같은 방법으로 점 C를 지나는 원호를 그린다.
- ⋯ 두 원호의 교점을 연결하면, 원 위의 점 A, B에서 교차하는 수평축이 나온다.

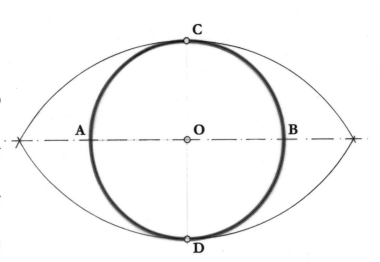

(그림 7.2) 2단계

- ⋯ 컴퍼스 간격을 선분 AO로 맞추고 점 A, C, B, D에서 원호를 그리면 네 개의 교점 E, F, G, H가 생긴다.
- ⋯ EFGH는 정사각형이다.

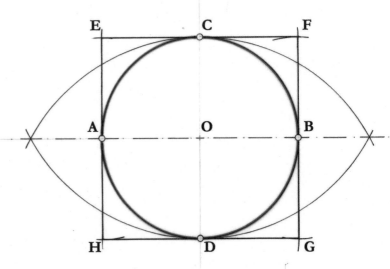

40

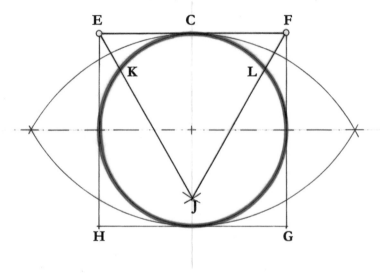

(그림 7.3) 3단계

→ 점 E와 점 F를 중심으로 반지름 EF 인 두 개의 원호를 원 안쪽에 그리면, 정사각형 내부의 점 J에서 교차한다.

→ EFJ는 정삼각형으로, 처음 원과 점 K, L에서 교차한다.

→ 선분 CL과 CK는 정칠각형의 두 변을 이룬다. (정확도 99.9%)

(그림 7.4) 4단계

→ 컴퍼스의 간격을 선분 CK에 맞추고 점 K를 중심으로 원호를 그려 원과의 교 점 M을 구한다.

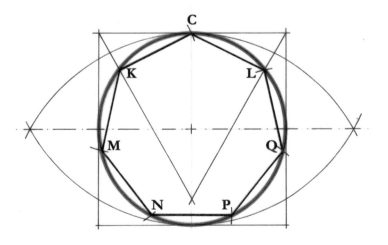

→ 원을 따라 돌며 같은 방법으로 원호를 그려 원과의 교점을 표시하면 정칠각 형의 나머지 점 4개를 구할 수 있다.

→ 점 L에 이르면 진행하고 있는 작도의 정확성을 확인할 수 있다. 필요한 만 큼 조정한다.

→ CKMNPQL은 정칠각형이다.[1] (추천 도 서, 존 미셸John Michell의 『신탁의 도 시City of Revelation』참고)

.....

1 정사각형과 정삼각형을 이용한 이 작도는 3+4=7임을 멋지게 증명한다.

방법_2

(그림 7.5) 1단계

→ 점 O를 중심으로 원을 그린다.

→ 원의 가장 높은 점 A에서 수직 지름을 그린다.

→ 컴퍼스의 중심을 점 A에 두고 같은 반지름으로 점 O를 지나는 원호를 그려 원과의 두 교점 B, C를 구한다.

→ 선분 BA와 AC는 원에 내접하는 정육각형의 두 변이다.(그림 6.1 참고)

→ 반지름 OB, OC를 그린다.

→ 컴퍼스의 중심을 점 A에 두고 지금 그은 두 선분에 접하는 원호를 그리면, 원과의 교점 D와 E가 생긴다.

→ 선분 DA와 AE는 정칠각형의 두 변이다.

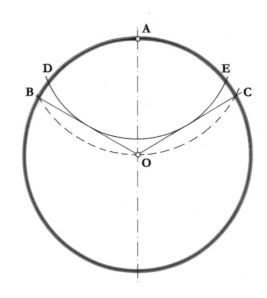

(그림 7.6) 2단계

→ 컴퍼스의 중심을 점 E에 두고 반지름 AE인 원호를 그려 원과의 교점 F를 구한다.

→ 점 F를 중심으로 원호를 그려 점 G를 찾는다.

→ 계속해서 같은 방식으로 점 H, J, D를 찾는다.

→ 처음 시작한 점 A와 만나지 않는다면 정확한 정칠각형이 나오도록 컴퍼스의 간격을 조절해서 작도를 수정한다. 정확도는 99.79%이다.

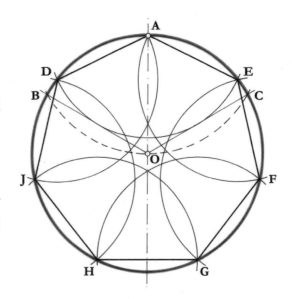

방법_3

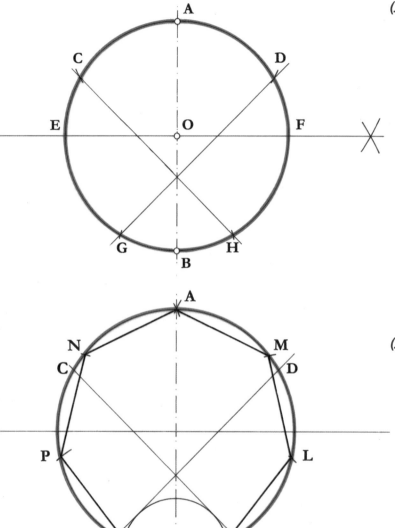

(그림 7.7) 1단계

··→ 점 O를 중심으로 원을 그린다.

··→ 수직 지름 AB를 그린다.

··→ 점 A에 중심을 두고 같은 반지름으로 원호를 그려 육각형의 두 점 C, D를 표시한다.

··→ 점 A와 점 B를 중심으로 처음 반지름보다 큰 원호를 그려(이 작도에선 AB의 길이를 반지름으로 이용했다) 수평선을 그린다. 이 선은 원 위의 점 E와 F에서 만난다.

··→ 컴퍼스의 간격을 선분 EC_1에 맞추고 점 B를 중심으로 원호를 그려 점 G와 H를 표시한다.

··→ 점 C와 H, 점 D와 G를 연결한다.

(그림 7.8) 2단계

··→ 컴퍼스의 중심을 다시 점 B에 놓고 선분 GD와 CH에 접하는 원호를 그린다. 이 원호는 처음 원과 점 J, K에서 만난다.

··→ 선분 JK는 정칠각형의 한 변이며 정확도는 99.26%이다.

··→ 점 K에서 지름 JK인 원호를 그려 점 L을 찾고, 점 L에서 원호를 그려 다음 점 M을 찾는다.

··→ 같은 방법으로 점 J, P, N을 찾는다.

··→ 마지막에 정확히 점 A로 돌아오지 못했다면 컴퍼스 간격을 조정하여 한쪽은 점 K부터, 반대쪽은 점 J부터 작도를 수정한다.

......

1 십이각형의 한 변(59쪽, 그림 10.6 참고)

주어진 선분으로 정칠각형 작도하기[1]

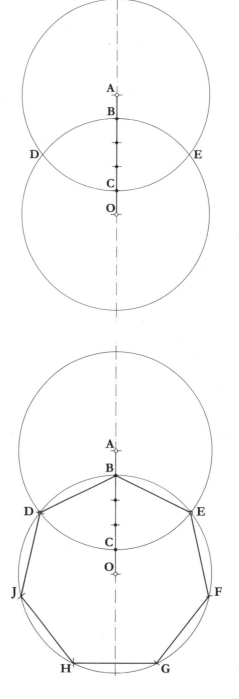

(그림 7.9) 1단계

⋯ 먼저 수직선을 그린다.

⋯ 임의의 길이로 컴퍼스의 간격을 맞추고 수직선 위에 같은 간격으로 5개의 점을 찍는다. 처음 점은 A, 마지막 점은 O로 표시한다.

⋯ 표시한 점 중 4칸의 길이를 반지름으로, 점 A와 O를 중심으로 두 개의 원을 그린다. 점 A가 중심인 원은 점 C를 지나고 다른 원은 점 B를 지난다.

⋯ 두 원은 점 D와 E에서 교차한다.

(그림 7.10) 2단계

⋯ 선분 DB와 BE는 원 O에 내접하는 정칠각형의 위쪽 두 변이다.

⋯ 컴퍼스의 간격을 반지름 EB에 맞추고, 원둘레를 '따라 걸으며' 원호를 그려 교점을 표시하면서 나머지 점 F, G, H, J를 찾는다.

⋯ 원호를 그릴 때는 연하게 표시하고, 마지막에 점 D에서 정확히 만나도록 반지름을 조절해서 작도를 수정한다. 정확도는 99.78%이다.

......

1　이 작도는 미란다 룬디Miranda Lundi의 『신성기하학 Sacred Geometry』에 수록된것이다. 추천 도서 참고

베시카에 내접하는 정칠각형 작도하기

(그림 7.11) 1단계

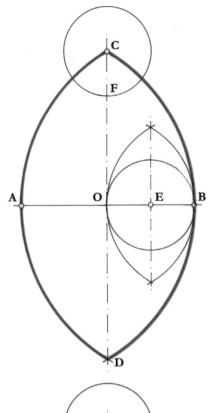

→ 먼저 가로로 선분 AB를 그리고 점 A와 B를 중심으로 반지름 AB인 원호를 그려 점 C와 D에서 교차하는 베시카를 작도한다.

→ 점 C와 D를 연결해서 선분 AB와 교점인 중점 O를 찾는다.

→ 이제 점 O와 B를 중심으로 반지름이 OB인 원호를 그려 선분 OB를 이등분 한다. 그러면 선분 AB를 4등분하는 점 E가 나온다.

→ 점 E를 중심으로 반지름 EO인 원을 그린다.

→ 컴퍼스의 중심을 점 C에 두고 같은 반지름(선분 EO)으로 원을 그리면 수직축과의 교점 F가 만들어진다.

(그림 7.12) 2단계

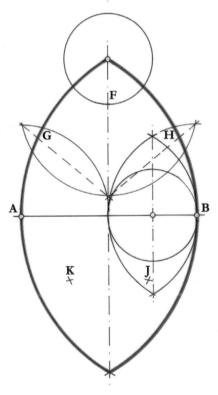

→ 점 F는 정칠각형의 맨 위 꼭짓점이다.

→ 그 다음 두 점(베시카 위에 있는 점)을 구하기 위해 선분 FB와 FA를 이등분 한다. 선분을 이등분하려면 컴퍼스의 중심을 차례로 점 F, B, A로 이동하면 서 동일한 반지름(처음 그림의 선분 OB를 이용)으로 원호를 그리면 된다.

→ 원호의 교점을 연결하면 베시카와의 교점 G와 H를 얻을 수 있다.(이 과정에 서 부수적으로 정칠각형의 중점이 나온다. 이 두 선이 수직축과 교차하는 점 이 바로 그것이다) 이제 정칠각형을 만드는 5개의 점(A,G,F,H,B)을 찾았다.

→ 나머지 두 점을 얻는 방법은 다음과 같다. 컴퍼스의 중심을 점 G와 B에 두고 반지름 GH인 원호를 선분 AB 아래로 그리면 교점 K가 나온다. 같은 방법으로 점 H와 A를 기준으로 반지름 GH인 원호를 그리면 교점 J를 얻을 수 있다.

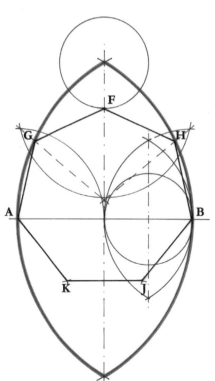

(그림 7.13) 3단계

→ 점 A, G, F, H, B, J, K를 연결하면 정 칠각형이 된다.(정확도 98.25%)

8

팔각형 : 여덟 개의 변으로 이루어진 도형

원에 내접하는 정팔각형 작도하기

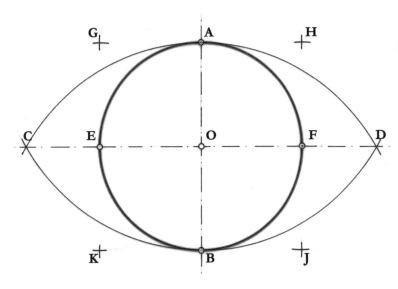

(그림 8.1) 1단계

→ 점 O를 중심으로 반지름이 OA인 원을 그린다.

→ 수직 지름 AB를 그린다.

→ 컴퍼스의 중심을 먼저 점 A에, 그 다음엔 점 B에 두고 반지름이 AB인 반원을 그려 교점 C, D를 구한다.

→ 점 C와 D를 연결하여 수평축을 그리면 원과 점 E, F에서 교차한다.

→ 컴퍼스의 중심을 점 A, F, B, E에 차례로 두면서 처음 반지름(OA)으로 바깥쪽에 원호를 그려 교점 G, H, J, K를 구한다.

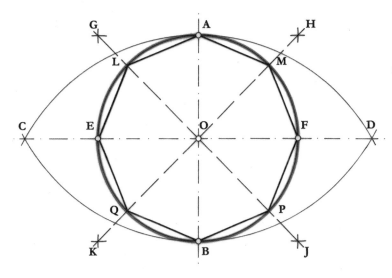

(그림 8.2) 2단계

→ 점 G와 J, 점 H와 K를 연결하여 대각선을 그린다. 이 대각선은 원과 점 L, M, P, Q에서 교차한다.

→ 점 A, M, F, P, B, Q, E, L을 연결하여 '역동적인' 정팔각형을 완성한다.

원에 외접하는 정팔각형 작도하기

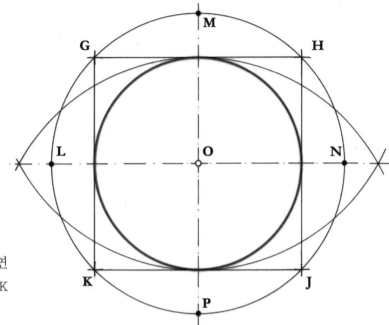

(그림 8.3) 1단계

⋯▸먼저 그림 8.1을 작도한다.

⋯▸그런 다음 네 꼭짓점 G, H, J, K를 연
 결하면 원에 외접하는 정사각형 GHJK
 가 생긴다.

⋯▸컴퍼스의 중심을 점 O에 놓고 정사각형
 주위에 반지름을 OG로 하는 원을 그린다.

⋯▸이 원은 수평축과 점 L과 N에서 만나며, 수직축과 점 M과 P에서 만난다.

(그림 8.4) 2단계

⋯▸점 L에서 M, M에서 N, N에서 P, 다시
 점 P에서 L을 연결한다. 이 '역동적인'
 정사각형 LMNP가 '안정적인' 정사각형
 GHJK와 만나면 정팔각형을 이루는 8
 개의 점 Q,R,S,T,U,V,W,X가 나온다.

⋯▸이 작도는 그림 4.1과 4.2를 결합한 것
 이며, 안정적인 정사각형과 역동적인
 정사각형의 균형 있는 조합이라고도 볼
 수 있다.(추천 도서, 크리츨로우 『이슬
 람 문양Islamic Patterns』 참고)

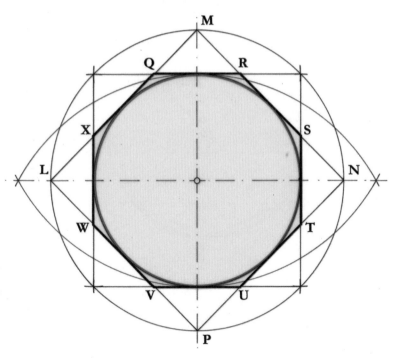

주어진 선분으로 정팔각형 작도하기

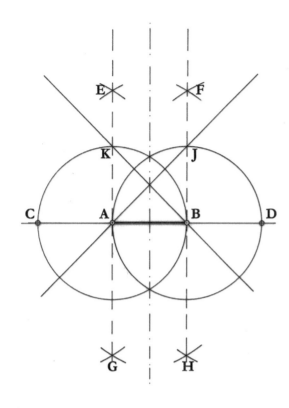

(그림 8.5) 1단계

⤍ 임의의 수평선 AB를 그린다. 이는 정팔각형의 한 변이다.

⤍ 선분을 양쪽으로 확장한다.

⤍ 점 A와 B를 중심으로 반지름이 AB인 원을 그려 수평선과의 교점 C, D를 구한다.

⤍ 두 원의 교점을 연결하여 수직축을 그린다.

⤍ 점 C와 B, 점 A와 D를 중심으로 반지름이 CB인 원호를 각각 위 아래로 그려 교점 E, G와 F, H를 구하고, 점 E와 G, 점 F와 H를 연결하여 선분 AB에 수직하는 선을 그린다.

⤍ 원 A, B와 수직선과의 교점 K와 J를 표시한다.

⤍ 점 A와 J, 점 B 와 K를 연결하여 두 원을 지나면서 서로 수직인 대각선을 그린다. 이들 선을 양쪽으로 연장한다.

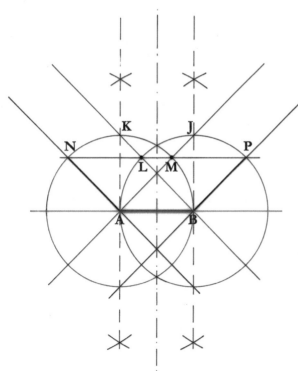

(그림 8.6) 2단계

⤍ 대각선 AJ와 BK가 두 원과 안쪽 원호에서 만나는 점 M과 L을 지나는 수평선을 그린다.

⤍ 이 선을 원 바깥으로 연장하여 교점 N과 P를 구한다.

⤍ 선분 NA, AB, BP는 정팔각형의 세 변이다.

(그림 8.7) 3단계

⋯▶ 점 N과 P를 중심으로 반지름 AB인 원을 그린다.

⋯▶ 두 원은 대각선 BK, AJ와 점 Q와 R에서 만난다. 이는 정팔각형을 이루는 또 다른 두 점이다.

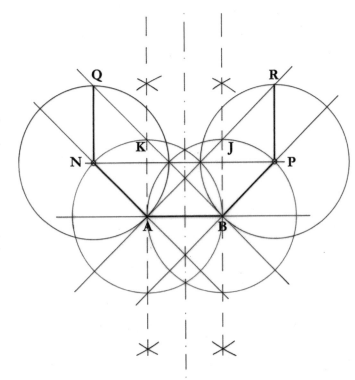

(그림 8.8) 4단계

⋯▶ 점 N과 R, 점 Q와 P를 연결한다. 이 두 선은 수직축과 점 O에서 만나며 점 O는 정팔각형의 중심이다.

⋯▶ 컴퍼스의 중심을 점 O에 두고 반지름을 OA에 맞춘 뒤 조금씩 모습을 드러내는 정팔각형 주위(먼저 컴퍼스가 점 N, Q, R, P, B를 정확히 지나는지 확인한다)로 원을 그린다.

⋯▶ 이 원이 점 A와 점 B를 각각 통과하는 수직선(필요하면 선을 연장한다)과 교차하는 곳에서 정팔각형의 마지막 두 점 S와 T를 찾을 수 있다.

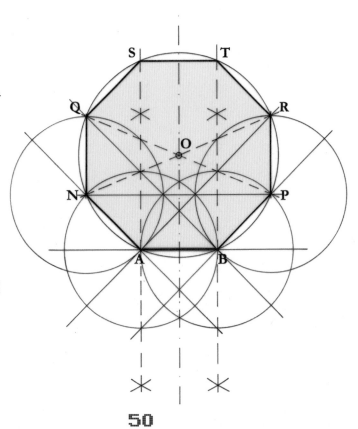

구각형: 아홉 개의 변으로 이루어진 도형

9

구각형: 아홉 개의 변으로 이루어진 도형

원에 내접하는 정구각형 작도하기

(그림 9.1) 1단계

··· 수평선을 그린 다음 점 O를 중심으로 원을 그리면 교점 A와 B가 생긴다.

··· 수직축을 작도해(그림 4.1 참조) 원과의 교점 C와 D를 구한다.

··· 컴퍼스의 중심을 점 C에 두고 반지름을 CA로 하는 원호를 점 A에서 B까지 그리면 수직축과 점 E에서 교차한다.

··· 선분 ED를 수직이등분하여 점 H를 찾는다.

··· 점 H를 중심으로 반지름이 HE인 원을 그리면 원호 AB와 원 O에 동시에 접한다.

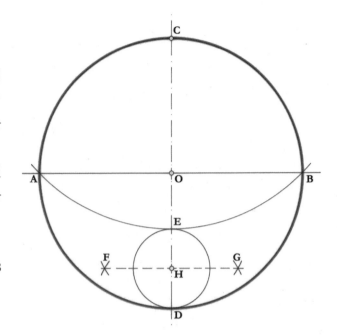

(그림 9.2) 2단계

··· 점 C에서 작은 원 H의 양쪽에 접선을 그리면 원 O와의 교점 J와 K가 생긴다.

··· 선분 JK는 정구각형의 한 변이다.

··· 선분 JK를 반지름으로 원 O의 둘레를 따라 점 L, M, N을 찍으면서 점 C까지 간다.

··· 같은 방법으로 점 J에서 시작하여 점 R, Q, P를 찍고 점 C에 이르게 한다.

··· 점 C에 정확히 닿지 못하고 조금 못 미친다면, 원둘레를 따라 정확히 9걸음이 될 때까지 컴퍼스 길이를 조절하면서 작도를 수정한다.

··· JKLMNCPQR은 정구각형이다. (정확도 95.8%)

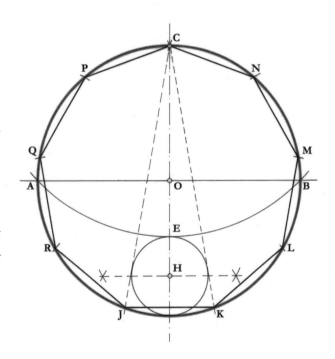

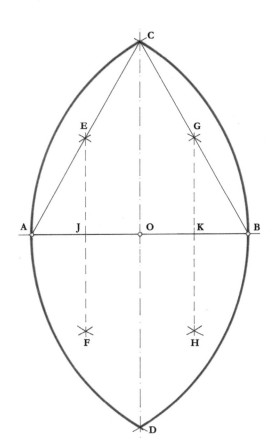

베시카에 내접하는 정구각형 작도하기

(그림 9.3) 1단계

⋯ 임의의 선분 AB를 기준으로 베시카 CAD/CBD를 작도한다.

⋯ 점 C와 D를 연결하여 중점 O를 찾는다.

⋯ 점 A와 C, 점 B와 C를 연결하면 정삼각형 ACB가 나온다.

⋯ 점 A, O, B에서 각각 반지름이 AO인 원호를 위아래로 그려 교점 E, F, G, H를 구한다.

⋯ 점 E와 F, 점 G와 H를 연결하면 선분 AO와 OB를 이등분하는 점 J와 K가 나온다. 이렇게 선분 AB를 4등분한다.

(그림 9.4) 2단계

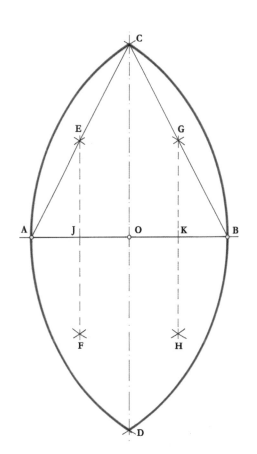

⋯ 점 J를 중심으로 반지름이 AJ인 원을 그린다.

⋯ 같은 방법으로 점 K를 중심으로 같은 반지름의 두 번째 원을 그린다. 이들 원은 서로 맞닿으며 베시카와도 접한다.

⋯ 점 J와 C를 연결하고 점 K와 C를 연결하면 원과의 교점 Y, X가 생긴다.

⋯ 컴퍼스의 중심을 점 C에 놓고 반지름이 CX인 원호를 앞서 그린 두 원과 접하게 그리면 정삼각형과 점 L, M에서 교차한다.

⋯ 점 A, L, M, B는 정구각형을 이루는 네 개의 점이다.

(그림 9.5) 3단계

다음 순서대로 정구각형의 나머지 점을 구한다.

→ 컴퍼스 간격을 선분 AL로 맞추고 점 A를 중심으로 점 L부터 베시카 위의 점 N까지 원호를 그린다.

→ 점 N을 중심으로 점 A부터 베시카까지 원호를 그린다.

→ 같은 방법으로 점 B를 중심으로 원호를 그려 점 P를 구하고,

→ 점 P를 기준으로 원호를 그린다.

→ 점 A에서 반대편 두 원호의 교점 R까지 선을 그리고 점 B에서 반대편 두 원호의 교점 Q까지 선을 그린다.

→ 이 선들은 수직축과 점 S에서 교차한다.

→ 점 S를 기준으로 반지름이 SA인 원을 그린다. 이 원은 정구각형에 외접한다.

→ 이 새로운 원과 수직축이 만나는 위쪽 점 T는 정구각형의 맨 위 꼭짓점에 해당한다.

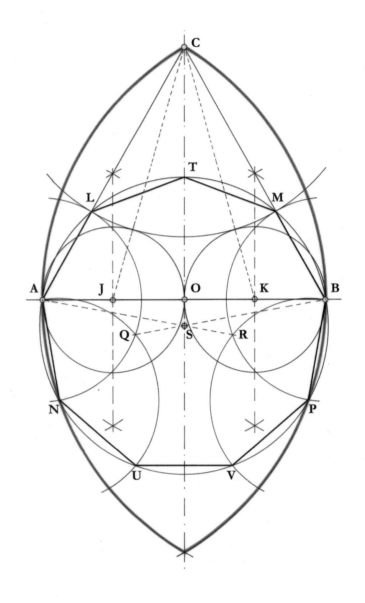

→ 이 원은 처음 원호와 점 N, U, V, P에서 교차한다. 점 U, V는 정구각형의 맨 아래쪽 두 점이다. 이 작도의 정확도는 99.6%이다.

자연에서 찾을 수 있는 대칭

삼중, 사중, 오중, 육중 대칭은 자연에서 아주 흔하게 찾을 수 있다. 다른 대칭들은 덜 흔하다. 자연에서 무한한 다양성을 찾아보자!

10각형, 11각형, 12각형, 13각형

10

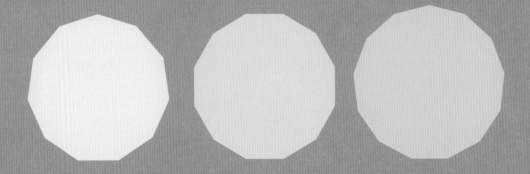

정10각형 작도하기

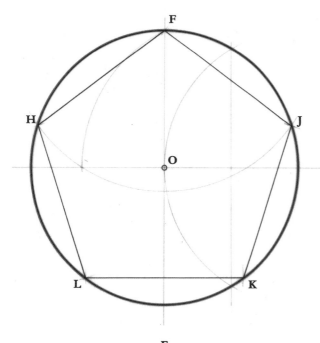

(그림 10.1) 1단계

···▶ 먼저 정오각형을 작도한다.(여기서는 그림 5.5와 5.6의 〈방법 2〉 참고)

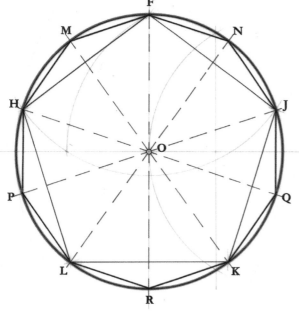

(그림 10.2) 2단계

···▶ 정오각형의 모든 꼭짓점에서 원의 중심을 지나면서 맞은편 원호에 도달하는 지름을 그린다. 이렇게 하면 정오각형의 다섯 점 사이 원호를 이등분하는 점을 얻을 수 있다.

···▶ 이를 연결하여 열 개의 변이 있는 도형, 정십각형 FNJQKRLPHM을 그린다.

정십일각형 작도하기

(그림 10.3) 1단계

⋯▸ 그림 11.6과 같은 과정으로 선분을 7등분하되 선분
AB를 수직으로 놓고 작도한다.

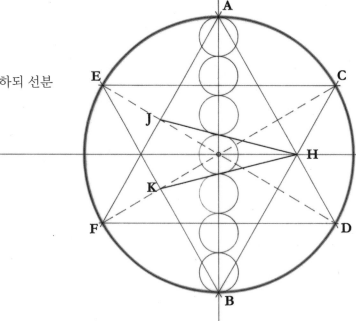

(그림 10.4) 2단계

⋯▸ 1/7로 나눈 길이를 반지름으로 삼고, 점 x, y, z, B를
중심으로 원을 그린다.

⋯▸ 처음 원과 맨 위쪽 원이 접하는 점을 A라 하고, 처
음 원과 맨 아래쪽 원의 교점을 L과 M이라고
한다. 선분 LM은 99.6%의 정확도
로 정십일각형의 한 변이 된다.

⋯▸ 컴퍼스의 간격을 선분 LM의 길
이에 맞춘 다음 원둘레를 따라
돌며 11등분한다.

⋯▸ 원을 정확하게 11등분할 때까지
컴퍼스의 간격을 조정한다.₁

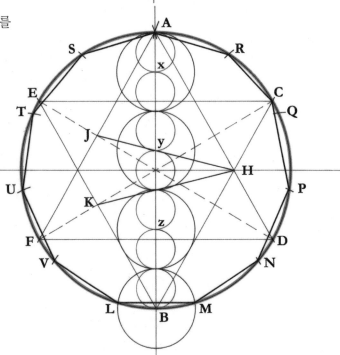

......

1　이 작도에서 11과 7의 관계는 22/7라는 π의 전통적인 근사치를 반영한다.

정십이각형 작도하기

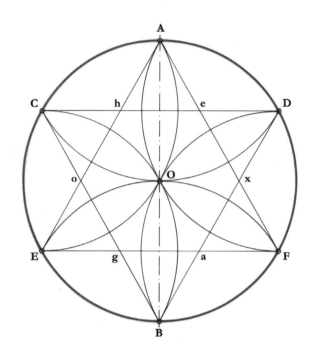

(그림 10.5) 1단계

··· 정육각형 작도(그림 6.1, 6.2 참고)로 시작한다.
··· 육각형 ADFBEC를 그리는 대신 점 A, E, F를 연결하고 점 C, D, B를 연결하여 육각별을 그린다.
··· 여기서 교점 h, e, x, a, g, o를 얻는다.

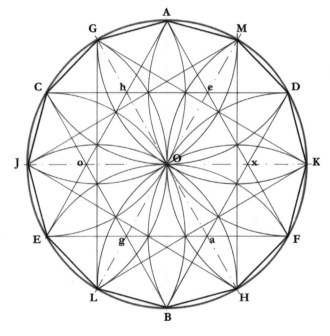

(그림 10.6) 2단계

··· 점 h와 a를 연결하면서 원의 중심 O를 지나는 선을 원의 바깥까지 연장해서 그리면 점 G와 H가 생긴다.
··· 같은 방법으로 점 e와 g를 연결한 선을 원 바깥으로 연장하면 점 M, L이 생기고,
··· 점 o와 x를 연결해서 연장하면 점 J, K가 생긴다.
··· 원 위에 찍은 12개의 점을 연결하면 정십이각형 AMDKFHBLEJCG가 된다.

정십삼각형 작도하기

(그림 10.7) 1단계

···› 점 O를 중심으로 임의의 반지름으로 원을 그린다.

···› 지름 AB를 그리고 점 A와 B를 중심으로 원 O와 동일한 반지름의 원을 그린다.

···› 두 원은 원 O와 점 C, D, E, F에서 교차한다.

···› 이 점을 연결하면 √3 직사각형이 되며 수평선과 점 G에서 교차한다.

···› 컴퍼스의 간격을 선분 GE에 맞춘다.

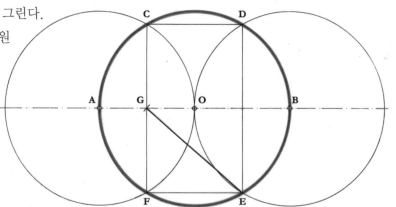

(그림 10.8) 2단계

···› 선분 GE는 정십삼각형의 첫 번째와 네 번째(여기서는 1번과 2번) 점을 잇는 선분의 길이이며, 정확도는 99.75%이다.

···› 꼭짓점이 13개 있는 별을 그리려면 원둘레를 따라 반지름이 GE인 원호를 그린다. 점 1에서 시작해서 원주 위에 새로 생기는 점을 따라 순차적으로 그린다. 이렇게 하면(원주를 3번 정도 돌면) 컴퍼스의 중심은 점 1, 2, 3, 4 순서대로 이동하게 되고, 마지막에 점 13을 중심으로 그린 원호는 점 12부터 처음 시작인 점 1로 돌아오게 된다.

···› 100% 정확한 작도에 이르기 위해서 컴퍼스 간격을 조금씩 조절할 수도 있으니 처음에는 연하게 그린다.(다니엘 도체르티Daniel Docherty 작도)

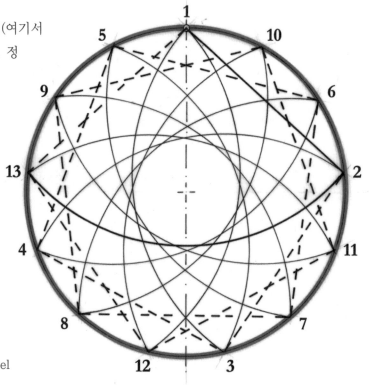

샤르트르 미로,

.....
1   역주: 프랑스 남서부의 도시 샤르트르Chartres에 있는 노트르담 대성당 바닥의 미로

저자가 그린 샤르트르 미로의 그림₁

저자가 그린 미로의 중앙 십삼각별 부분 확대

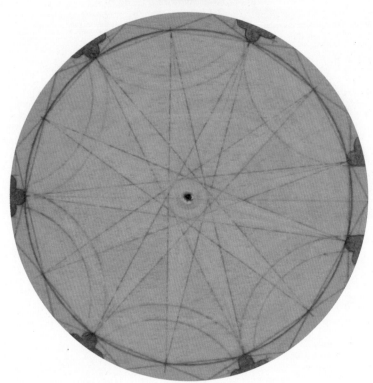

.....

1 추천 도서, 크리츨로우 『샤르트르 성당의 미로Chartres Labyrinth』 참고

선분의 분할

이등분하기

선분 AB 또는 모든 임의의 선분을 이등분할 때는 다음과 같이 진행한다.

(그림 11.1)

⋯▸ 컴퍼스의 중심을 점 A에 두고 선분 AB 길이의 절반보다
큰 반지름으로 선분의 위아래에 원호를 그린다.

⋯▸ 같은 반지름으로 컴퍼스의 중심을 점 B에 두고 첫 번째
원호와 두 곳에서 교차하도록(점 C, D) 원호를 그린다.

⋯▸ 점 C와 D를 연결하면 선분 AB와의 교차점 E가 나온다.
이 점은 선분 AB와 선분 CD의 중점이다.

선분을 3, 5, 7, 9등분 하는 다른 방법과 위 방법을 결합하면
선분을 6, 10등분 등 여러 가지로 나눌 수 있다.

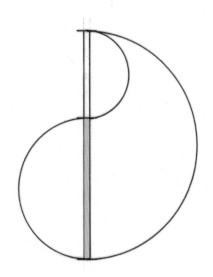

삼각자로 원하는 만큼 분할하기

삼각자를 이용해서 선분을 원하는 만큼 등분하는 것은 제도판 위에서 작도를 많이 하는 건축가나 기술자들에겐 매우 친숙한 방법이다.

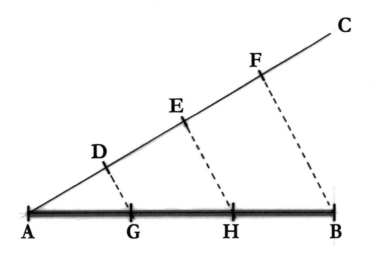

(그림 11.2)

⋯▶ 등분하고자 하는 선분 AB의 끝점 A에서 임의의 각을 이루는 선분 AC를 그린다.
⋯▶ 자를 이용하여 나누려는 숫자만큼 선분 AC 위에 같은 간격으로 점을 찍는다. (그림에서는 삼등분) 끝점 F와 등분할 처음 선분의 다른 끝점 B가 연결되도록 삼각자를 놓는다.
⋯▶ 삼각자의 각도를 동일하게 유지한 채 점 D와 점 E에서 선분 AB로 선을 그으면 점 G, H가 생긴다. 점 G와 점 H는 선분 AB를 정확하게 삼등분한다.

아래 4가지 작도는 다음의 작도를 기본으로 한다.

(그림 11.3)

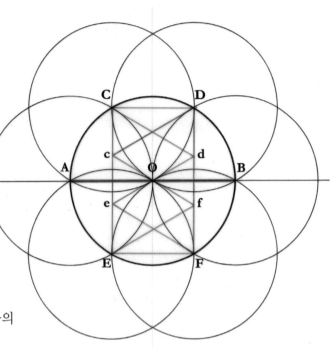

- ⋯ 먼저 나누려는 선분 AB를 그린다. 그림 11.1에 설명한 방법으로 선분의 중점 O를 찾고 반지름이 OA인 원을 그린다.
- ⋯ 같은 반지름으로 점 A와 B에서 두 개의 원을 그린다. 원 O와 두 원의 네 교점 C, D, E, F를 중심으로 동일한 지름의 원을 그려 '창조의 꽃'을 완성한다.(그림 6.2 참조)
- ⋯ 선분 CD, DF, FE, EC를 연결하여 만든 $\sqrt{3}$ 직사 각형의 직각을 30°로 분할(푸른 선으로 표시)하기 위해, 점 C에서 점 B를 향해 선을 그어 직사각형과의 교점 d를 찾는다.
- ⋯ 같은 방법으로 점 A에서 점 F를 향해 선을 그어 교점 e를 찾고, 점 E에서 점 B로 선을 그어 교점 f를, 점 D에서 점 A로 선을 그어 교점 c를 찾는다. 마지막으로 점 d와 e, 점 c와 f를 중심 O를 통과하도록 연결한다.

이것이 다음에 소개하는 네 가지 작도에 필요한 기본 작도다.

삼등분하기

(그림 11.4)

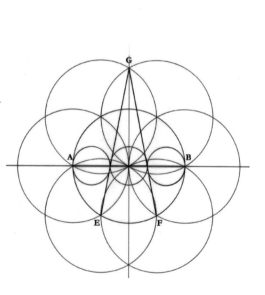

- ⋯ 선분 AB를 삼등분하려면 먼저 원 C와 원 D의 교점 G를 찾고, 점 G와 점 E, F를 그림과 같이 연결한다.
- ⋯ 선분 AB와 선분 EG, FG의 교점은 선분 AB를 3등분한다. 컴퍼스의 중심을 점 O에 두고 선분 AB에 표시된 교점까지를 반지름으로 원을 그린다.
- ⋯ 그런 다음 동일한 반지름으로 양쪽에 원 O와 점 A, B에서 접하는 원을 그린다.(하나 히자지Hana Hijazi 작도)

5등분하기

(그림 11.5)

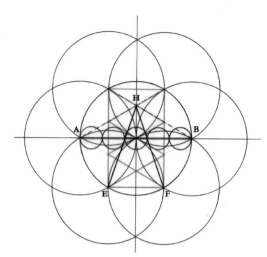

⋯ 선분 cD와 선분 dC의 교점 H를 찾아, 점 E와 F에 연결한다.

⋯ 선분 EH, FH와 선분 AB와의 교점을 잇는 선분의 길이는 선분 AB의 1/5에 해당한다.

⋯ 이 길이를 측정하여 전체를 5등분한다.(하나 히자지 작도)

7등분하기

(그림 11.6)

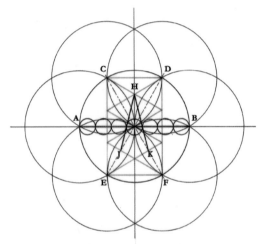

⋯ 그림과 같이 대각선 ED와 FC를 그려 점 J와 K를 찾는다.

⋯ 두 점을 점 H와 연결한다.

⋯ 선분 JH, KH와 선분 AB와의 교점을 잇는 선분의 길이는 선분 AB의 1/7에 해당한다.

⋯ 이 길이를 측정하여 전체를 7등분한다.(하나 히자지 작도)

9등분하기

(그림 11.7)

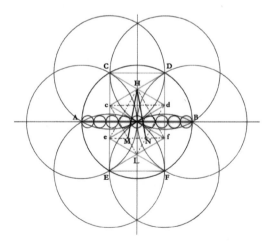

⋯ $\sqrt{3}$ 직사각형 CDFE 안에 있는 정육각형에서, 점 H, d, f, L, e, c를 연결하여 육각별을 작도하면 교점 M, N이 생긴다.

⋯ 육각별의 한 점 H에서 새로운 점 M, N을 연결한다. 선분 MH, NH와 선분 AB와의 교점을 잇는 선분의 길이는 선분 AB의 1/9에 해당한다.

⋯ 이 길이를 측정하여 전체를 9등분한다.
(하나 히자지 작도)

황금비[1]로 분할하기

(그림 11.8) 1단계

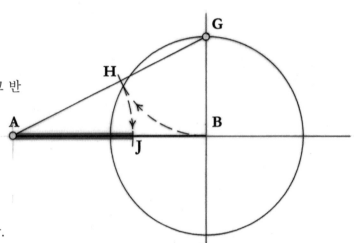

⋯→ 분할할 선분 AB를 그린다.

⋯→ 두 점 사이 거리의 절반보다 큰 반지름으로 점 A와 B에서 두 개의 원호를 그려 선분 AB의 중점을 찾는다.

⋯→ 원호의 위아래 교점을 연결하면 점 C에서 선분 AB와 교차하며, 점 C는 선분 AB를 이등분한다.

⋯→ 컴퍼스의 중심을 점 B에 두고 반지름이 BC인 원을 그린다.

⋯→ 선분 AB를 연장하면 원 B와 점 D에서 만난다. 점 C와 D를 중심으로 원호를 그려 교점 E, F를 찾아 점 B를 지나는 수직선을 그린다.

⋯→ 이 수직선과 원 B의 교점 G를 표시한다. 선분 GB의 거리는 선분 AB의 절반으로 선분 CB와 같다.

(그림 11.9) 2단계

⋯→ 선분 AG를 그린다. 컴퍼스의 중심을 점 G에 두고 반지름이 GB인 원호를 점 B에서 시작하여 선분 AG를 통과하게 그리면 교점 H가 나온다.

⋯→ 컴퍼스의 중심을 점 A에 두고 반지름이 AH인 원호를 점 H에서 시작하여 선분 AB를 통과하게 그리면 교점 J가 나온다.

⋯→ 선분 AB : 선분 AJ는 φ_2 : 1 즉, 황금비율을 이룬다.

......

1 모든 비율 중에서 가장 중요한 황금비율의 의미에 대한 최고의 설명은 『포물선Parabola』 XVI권, No.4에 있다. 올센Olsen(2006)의 저서도 참조하라.

2 이차방정식 $x^2-x-1=0$의 해인 $(\sqrt{5}-1)/2$의 값을 보통 ϕ로 표시한다.
삼각형 ABG(그림11.9)에서 AB=1이고 GB=1/2이라고 하면, 피타고라스의 정리($x^2+y^2=z^2$) $AB^2+GB^2=AG^2$에 따라 $AG=\sqrt{5}/2$임을 알 수 있다. 따라서 $AH=\sqrt{5}/2 -1/2 = (\sqrt{5}-1)/2$. AH=AJ이다.
ϕ는 아주 특별한 값을 가진 수로 $\phi = 1.618033989...$ $\phi^2 = 2.618033989...$
$1/\phi = 0.618033989 = \sqrt{5}/2 -1/2$의 값인 동시에 $\phi-1$의 값이기도 하다.

주어진 선분으로 황금비 찾기

(그림 11.10) 1단계

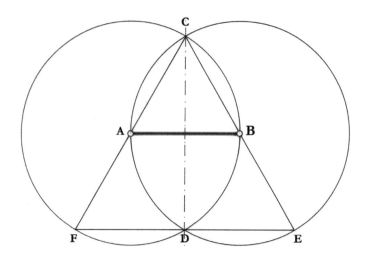

··· 선분 AB를 그린다. 반지름을 AB로 점 A와 점 B를 중심으로 원을 그린다.

··· 두 원의 교점(점 C, D)을 연결하여 수직축을 그린다.

··· 점 C에서 점 B를 지나는 선을 그어 원 B와 점 E에서 만나게 한다.

··· 점 C에서 점 A를 지나는 선을 그어 원 A와 점 F에서 만나게 한다.

··· 점 E와 F를 이으면 정삼각형 CEF가 생긴다.

(그림 11.11) 2단계

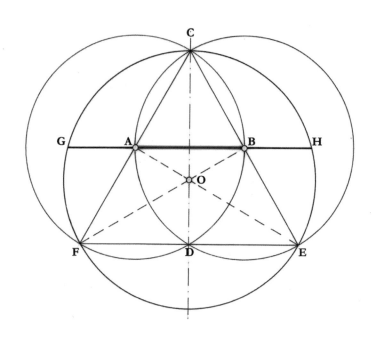

··· 점 E에서 A로, 점 F에서 B로 선을 긋는다.

··· 이 선분은 삼각형의 중심인 점 O에서 수직축과 교차한다.

··· 점 O를 중심으로 반지름이 OC인 원을 그린다.

··· 선분 AB를 점 G와 H에서 만나도록 연장한다.

··· 선분 GA와 BH는 선분 AB에 대해 황금비를 이룬다.

GA:AB:BH=1:φ:1

다른 여러 가지 작도

12

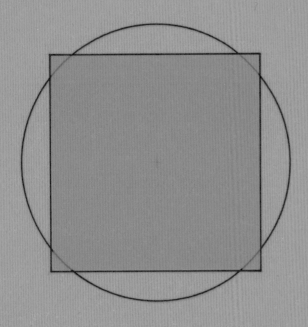

원을 사각형으로 (사각형을 원으로)

연금술과 철학에 기원을 둔 이 심리적 역설 명제에서 도출된 '해'는 무수히 많다. 그 중에는 사각형의 둘레와 원주의 길이가 같은 원을 작도하는 것도 있다. 다음에 소개하는 〈방법_1〉은 측정의 방식으로 해를 구한 것이고 〈방법_2〉는 기하의 방식으로 구한 것이다. 둘 다 정확도는 99.9%이다.

방법_1[1]

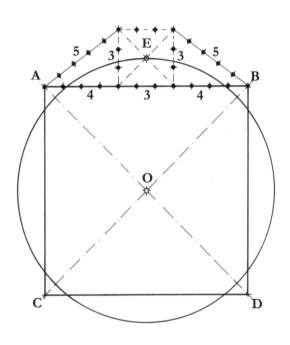

(그림 12.1)

···› 먼저 임의의 단위로 11등분한 선분 AB를 그린다.
···› 같은 단위로 네 변의 길이가 11인 정사각형 ABDC(11×11)를 그린다.(그림 4.4 참고)
···› 대각선 CB와 AD를 그려 정사각형의 중점(점 O)을 찾는다.
···› 이제 선분 AB 위에 세변의 비율이 3:4:5인 삼각형을 두 개 작도한다.(위에 정한 단위 5를 반지름으로 하여 점 A와 점 B를 중심으로 원호를 그린 다음, 다시 점 A, B에서 네 번째 점에서 단위 3을 반지름으로 원호를 그려서 작도한다)
···› 이 두 직각삼각형 사이에 생긴 3×3 정사각형에 대각선을 그려 중점(점 E)을 찾는다.
···› 점 O를 중심으로 반지름이 OE인 원을 그리면 11×11 정사각형과 둘레의 길이가 같은 원이 나온다.[2]

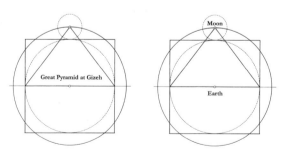

-----

1 6장에서 언급한 존 미첼(1973)에 따르면 이 작도는 지구와 달의 크기 관계뿐만 아니라 이집트의 대피라미드의 근본적인 비율에 대해서도 알려준다. (바로 위의 그림 참고)

2 π값에 대한 전통적인 근사치인 22/7를 이용하면 수학적으로 이 작도는 100% 정확하다.

방법_2 [1]

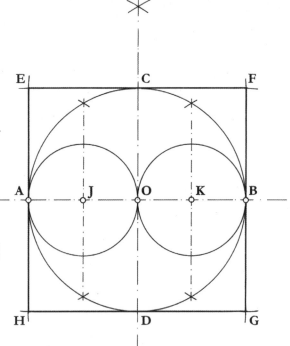

(그림 12.2) 1단계

⤑ 먼저 점 O를 중심으로 원을 그린 다음, 수평 지름을 원 바깥까지 연장해서 교점 A와 B를 찾는다.

⤑ 점 A와 점 B를 중심으로 원의 위아래에 원호를 그려 수직축을 찾는다. 이 수직축은 원과 점 C, D에서 만난다.

⤑ 점 A, C, B, D를 중심으로 반지름이 OA인 원호를 그려 원에 외접하는 정사각형 EFGH를 작도한다.

⤑ 선분 AO와 OB를 이등분해서 중점 J와 K를 찾고,

⤑ 점 J, K를 중심으로 반지름이 OK인 두 개의 원을 그린다.

(그림 12.3) 2단계

이 그림을 보면 점 J와 K를 찾는 또 다른 방법을 알 수 있다. 정사각형의 절반인 직사각형 ECDH와 CFGD 내부에 각각 대각선을 그려 점 J와 K를 찾을 수도 있다. 더불어 점 L, M, N, P도 나온다.

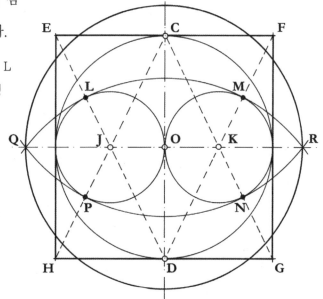

⤑ 컴퍼스의 중심을 점 D에 두고 두 개의 작은 원과 점 L과 M에서 접하도록 원호를 그린다. 이 원호는 수평축과 점 Q와 R에서 만난다.

⤑ 동일한 방법으로 점 C에서 두 개의 작은 원과 아래쪽에 있는 점 P, N에 접하도록 원호를 그린다. 이 원호 역시 수평축과 점 Q, R에서 만난다.

⤑ 이제 점 O를 중심으로 반지름이 OQ인 원을 그린다. 이 원은 정사각형 EFGH와 둘레의 길이가 같다.

......

1 로버트 로울러Robert Lawlor의 『신성 기하학Sacred Geometry』(1982)에 수록. 르네 슈발러 드 루빅 R.Schwaller de Lubicz의 『인간의 신전Temple of Man』도 참조하라.

일치성 증명

첫 번째 그림은 육각형 작도, 두 번째 그림은 오각형 작도에서 왔다. 아래 두 작도에서 지름 위의 두 점 A, B와 점 A′, B′는 얼마나 일치할까?

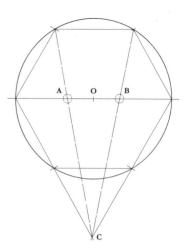

(그림 12.4)

⤳ 육각형의 아래쪽 두 변을 서로 교차할 때까지 연장해서 점 C를 찾는다.

⤳ 점 C에서 육각형의 위쪽 두 꼭짓점을 향해 그린 선은 지름을 정확히 삼등분한다.

(그림 12.5)

⤳ 이 오각형 작도는 그림 5.5와 5.6에 있다.

⤳ 오각형의 밑변과 점 D를 연결해서 만든 황금삼각형[1]은 원의 지름과 점 A′B′에서 만난다.

증명:그림 12.5의 삼각형 OA′D를 통해 점 A, B와 점 A′B′가 얼마나 일치하는지 알아낼 수 있다. 우리는 오각형 내부에 그린 (황금)삼각형의 (꼭짓)각이 36°임을 안다. 따라서 각 A′DO는 18°이다. 원의 지름을 d라고 하면 반지름(선분 OD)은 d/2가 된다. 그러면 A′O = tan 18° × d/2 = 0.325 × d/2이다. 그러므로 선분 A′O 길이의 두 배인 선분 A′B′ = 0.325 × d이다. 하지만 그림 12.4에 따르면 선분 AB의 길이는 지름의 1/3이다. 따라서 일치성의 정확도는 0.325/0.333..., 즉, 97.5%이다.

(그림 12.6)

두 작도를 하나의 그림에 합친 그림이다.

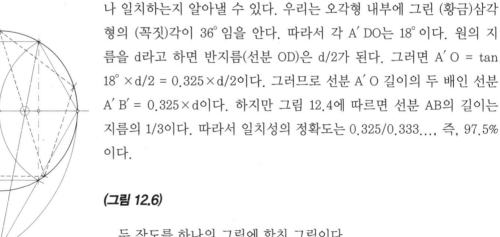

......
1 역주: 이등변삼각형 중 길이가 다른 두 변의 길이가 황금비를 이루는 삼각형

다각형 내부의 별

삼각형 또는 사각형 안에는 별이 전혀 없다.

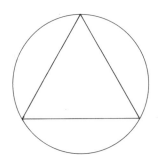 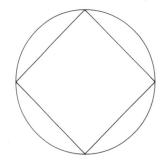

오각형과 육각형 안에는 하나의 별이 있다.

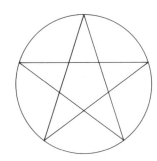 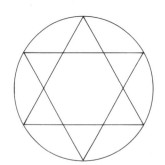

칠각형과 팔각형 안에는 두 개의 별이 있다.

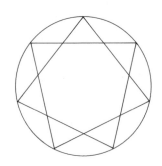 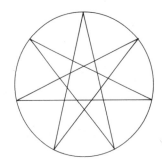 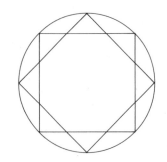 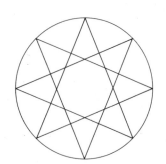

74

구각형과 십각형 안에는 세 개의 별이 있다.

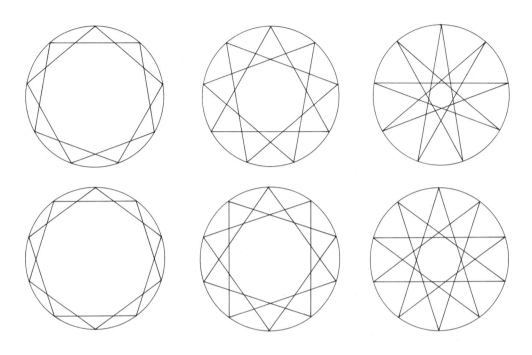

십일각형과 십이각형에는 네 개의 별이 있다. 등 등

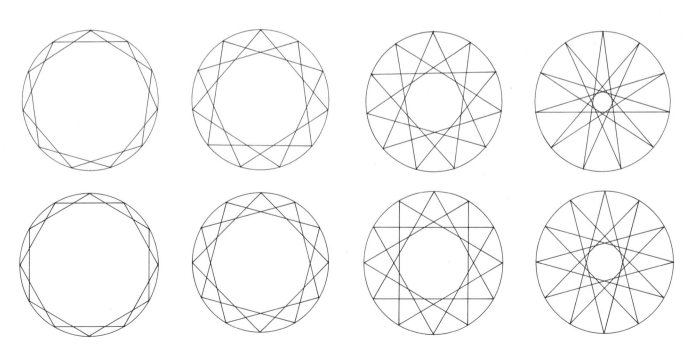

정삼각형의 연속

(그림 12.7)

⋯ 원에 내접하는 정삼각형을 그린 다음(그림 3.1과 3.2)

⋯ 그 삼각형 안에 세 변에 접하도록 원을 그린다. 원과 접하는
   정확한 점은 각 꼭짓점에서 중점을 지나는 선을 그리면 찾
   을 수 있다.

⋯ 그 접점을 연결해서 작은 정삼각형을 새로 그린다.

⋯ 이 과정을 원하는 만큼(그리고 그림의 크기가 허락하
   는 만큼) 반복한다.

⋯ 각각의 정삼각형의 크기는 바로 앞 정삼각형의 1/4
   에 해당한다.(추천 도서, 크리슬로우 『우주의 질서
   Order in Space』 p.59 참고)

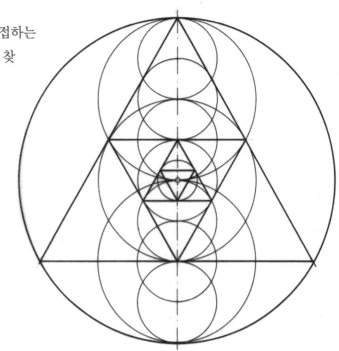

정사각형의 연속

(그림 12.8)

⋯ 사각형이 연속하는 그림을 그리려면 먼저 원에 내접하는 (역동적
   인)사각형을 작도하고, 원의 중심을 지나면서 각 변을 이등분하
   는 선을 그린다.(그림 4.1과 4.2 참조)

⋯ 이 이등분선과 처음 사각형의 접점을 연결하면 두 번째
   (정적인)사각형이 나온다.

⋯ 그런 다음 수직축과 수평축이 두 번째 사각형과 만나
   는 점을 이용해서 세 번째 사각형을 그린다.

⋯ 이런 방법으로 계속 진행하면 사각형의 크기가 점
   점 줄어들면서 역동적인 사각형과 정적인 사각형이
   교대로 연속하는(즉, 매번 45° 씩 회전하는) 그림이
   나온다.[1](추천 도서, 크리슬로우 『우주의 질서』 p.5와
   p.11~91 참고)

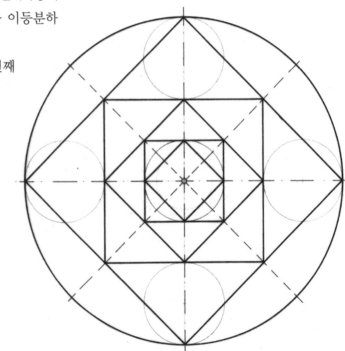

·····

1 처음 사각형과 다음 사각형은 $\sqrt{2}$:1의 비율 관계를 갖는다.

정오각형의 연속

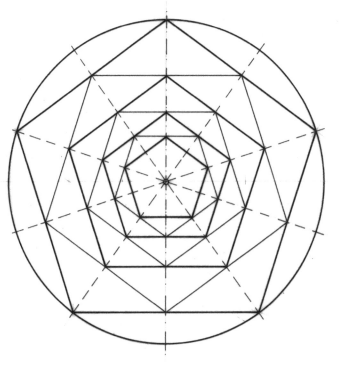

(그림 12.9)

⋯ 정오각형을 작도한 뒤(그림 5.1~5.4 중) 원의 중심을 지나면서 각 변을 이등분하는 선을 그리고

⋯ 정사각형의 연속(그림 12.8)과 동일한 방법으로 진행하면 오각형이 연속하는 그림이 나온다.

정다각형의 순차적 연속

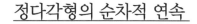

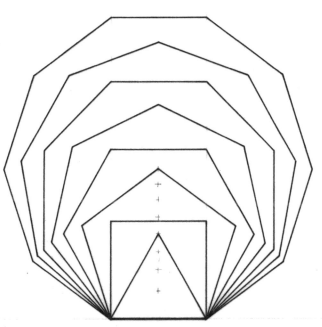

(그림 12.10)

이 책에서는 주로 기본 다각형을 하나씩 따로 다루는 한편 가능한 한 단순한 형태를 소개하는데 치중해왔지만, 개별 다각형뿐만 아니라 여러 다각형이 결합하는 형태에서도 아름답고 심오한 비례를 찾을 수 있다. '비례'라는 주제는 여기서는 깊이 들어가지 않는다. 여러 가지 정다각형을 한 가문의 구성원으로 볼 수 있음을 상기시키는 차원에서 이 그림을 소개한다.

정다각형의 결합

(그림 12.11)

육각형, 오각형, 사각형을 연결한 이 그림은 전통적으로 '하늘', '인간'[1], '땅'의 관계를 보여주는 상징이었다.[2] '하늘'은 '땅'과 살짝 접할 뿐이지만 '인간'은 두 영역에 동등하게 걸쳐있어 많은 것을 생각하게 한다. '인간의 원'이 하늘과 땅의 원과 포개지면서 만든 베시카 부분은 각각 인간이 지닌 '신성한 본성'의 창조 영역과 '인간 본성'의 창조 영역을 상징한다고 볼 수 있다. 두 영역이 함께 있을 때 온전한 인간이 된다.

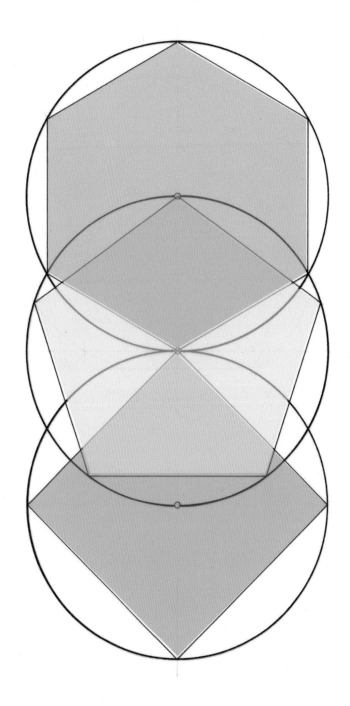

·····
1 '인간Man'은 '의식을 가진 동물'을 가리키는 산스크리트어 '마나스'에서 나온 단어다.

2 이 근본적인 우주의 창조적 순행을 다른 말로 '단일체', '의식', '물질'이라고도 한다. 또 다른 표현인 '삿sat-칫 chit-아난다ananda'에서는 순서가 거꾸로다.

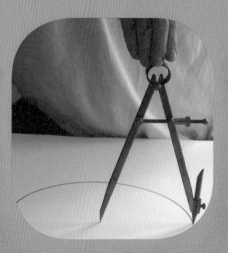

정확성과 작도의 정확도

'정확하다'는 말은 과연 어떤 의미일까? '한 치의 오차도 없는' 정확함이 얼마나 가능할까? 얼마나 '정밀'해야 할까?

물론 이런 질문의 답은 상황에 따라 달라진다. 집 짓는 사람은 일정한 '오차 허용도'(또는 정확도) 안에서 벽돌을 쌓아 담을 만든다. 이 말은 그 벽이 계약상 허용범위 안에서 수직을 이루고 있다면 적절한 공학 기준을 준수하고 있다는 의미이다. 실제로 3층 건물의 벽이 정확한 수직에서 1, 2 인치 어긋난다 해도 기술적으로는 '수직'이라고 인정한다. 요리를 할 때는 화학 실험실보다 재료 계량에서 오차 허용 범위가 훨씬 크다. 천체 망원경 렌즈를 만들 때 요구되는 정밀함과 컴퓨터 부품을 만들 때의 정밀함 역시 상당히 큰 편차를 보인다. 하지만 이 중 그 어떤 것도 절대적으로 정확하지는 않다.

수학에서는 보통 정확한 양(수)을 다루지만, 기하에서는 $\sqrt{3}$, $\sqrt{2}$, φ 같은 '초월수'라는 분명한 예외를 찾을 수 있다. 이 수들은 작도는 쉽게 할 수 있지만 수식으로 답을 찾기는 불가능하다.

철학에서는 절대적인 정확성은 완벽한 존재의 속성이므로 '이 세상' 것이 아니라고 반박할 수 있다. 물질로 이루어진 세계, 우리가 사는 우주에서는 일정한 부정확성('동요 인자wobble factor'라고 부를 수 있는 것)이 반드시 나타나기 마련이며, 사물의 발생 기원에 대한 설명에서 이 부정확성은 빠지지 않고 등장한다. 절대적인 완벽함에서는 어떤 움직임도 필요하지 않기 때문이다.

다음의 계산은 본문에 수록된 작도의 정확도(%)를 실증하기 위해 수록했다. 수학적 사고방식을 가진 사람들에게는 흥미로운 부분일 것이다.

기하 작도 과정 중에 생기는 약간의 불완전성은 그것을 예술과 공예에 실용적으로 응용할 때 문제가 되지는 않는다는 사실에 주목할 필요가 있다. 숙련된 장인의 눈과 손이 자연스럽게 필요한 부분을 수정하기 때문에 '부정확성'을 보완할 수 있다. 사실 필요한 곳에서 섬세하게 조절하는 법을 배우는 과정을 통해 예술과 공예에 대한 깊은 이해를 얻는다고도 말할 수 있다.

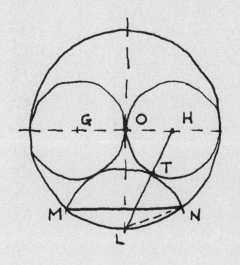

큰 원 O의 반지름 OL=2라고 하면
작은 원 G, H의 반지름 OH=HT=1

삼각형 LOH에서
$LH=\sqrt{OH^2+OL^2} = \sqrt{4+1}=\sqrt{5}$
$LH=LT+HT$
$LT=\sqrt{5}-1=1.23606798=LN$ ⋯⋯ ①

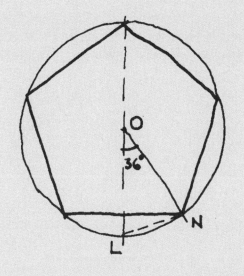

정오각형의 외접원의 반지름 ON=2
$LN/2=2\times\sin18°$
$\therefore LN=4\times\sin18°=1.23606798$ ⋯⋯ ②

①과 ②의 값이 같으므로 이 작도의 정확도는 100% 이다.

원 O의 반지름 OF=1 이라고 하면
OE=0.5

삼각형 FOE에서
$EF = \sqrt{1 + 0.25} = \sqrt{5}/2 = EG$

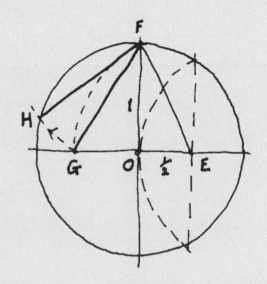

삼각형 FOG에서
$OG = EG - OE = \sqrt{5}/2 - 1/2 = (\sqrt{5}-1)/2$
따라서 $FG = \sqrt{OG^2 + OF^2}$
$= \sqrt{[(\sqrt{5}-1)/2]^2 + 1^2}$
$= 1.1755705 = FH$ ⋯ ①

정오각형에서 한 변의 절반인 $x = \cos 54°$
온전한 한 변의 길이는 $2 \times \cos 54° = 1.175570505$ ⋯ ②

①과 ②의 값이 같으므로 이 작도의 정확도는 100% 이다.

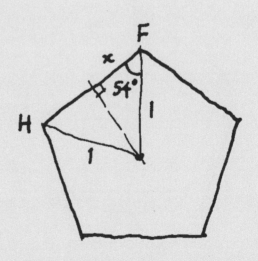

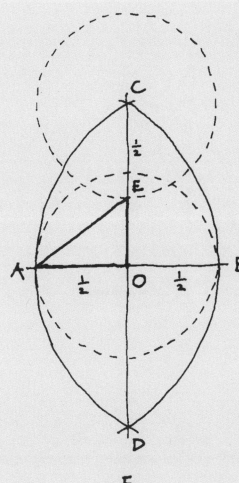

AB=1, AO=0.5라고 하면

CO=$\sqrt{3}$/2

원 O의 반지름 OB=1/2,

점 C를 중심으로 원 O와 동일한 반지름으로 원을 그리면

점 E에서 수직선과 교차한다.

따라서 EO=CO - CE

   =$\sqrt{3}$/2 - 0.5

   =0.3660254   ···①

AE가 정오각형의 한 변이라면

삼각형 AOE에서 ∠AOE=54°

tan54°=AO/EO

따라서 EO=AO/tan54°

   =1/2÷tan54°

   =0.3632713   ···②

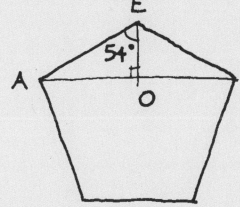

①과 ②의 값을 비교해보면 이 작도의 정확도는 99.25%이다.

원의 반지름과 선분 CD, EF=1이라고 하면
점 D를 중심으로 점 C를 지나는 호의 반지름 DH=1이다.

직사각형 CDFE에서

DF=$\sqrt{3}$

DH=1

따라서 HF=$\sqrt{3}$ − 1

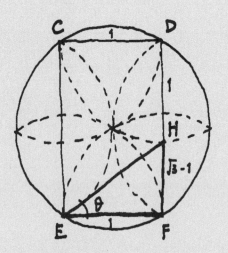

삼각형 HEF에서

∠HEF=θ 라고 하면

$\tan\theta$=HF/EF=$(\sqrt{3}$ − 1)/1

따라서 θ=36.206°

정오각형에서 양쪽 어깨에 해당하는 각의 크기는 36°
이 작도의 정확도는 36/36.206×100=99.43% 이다.

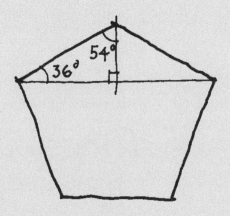

84

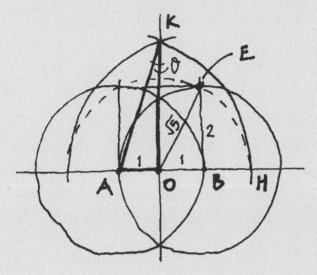

OB=1=AO 라고 하면
AB=2= BE

삼각형 OBE에서
$OE^2=OB^2+BE^2$
　　　$=1+4=5$
따라서 OE= $\sqrt{5}$ =OH

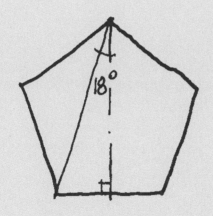

삼각형 AOK에서
AK=AH=AO+OH=$1+\sqrt{5}$
∠AKO=θ 라고 하면
$\sin\theta=1/(1+\sqrt{5})$
∴ $\theta=18°$
이것은 그림처럼 정오각형 안에 만드는 한 각의
크기와 정확히 일치한다.

AB=CB=BH=FC=1 이라고 하면

AX=XB=0.5

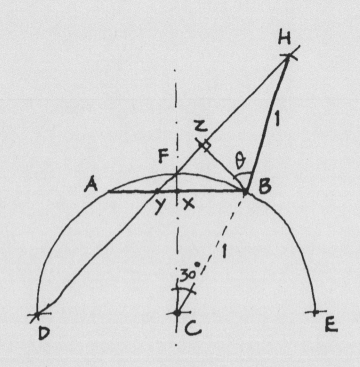

삼각형 CXB에서

XC=1×cos30°=0.8660254

FX=FC − XC

    =1−0.8660254=0.1339746=YX

    (삼각형 FXY는 45° 직각삼각형)

YB=YX+XB

    =0.1339746+0.5

    =0.6339746

삼각형 YBZ에서

BZ=YB×sin45°=0.4482877

삼각형 HBZ에서

∠HBZ=θ 라고 하면

$\cos\theta$=BZ/HB=0.4482877/1

∴ θ=63.366120°

따라서 ∠ABH=45° + 63.366120°=108.366120°

정오각형의 내각은 108°

이 작도의 정확도는 108/108.36612×100=99.66% 이다.

(방법_1)의 계산에 따르면
XB=0.5,
XC=0.8660254,
FC=DC=1 이다.

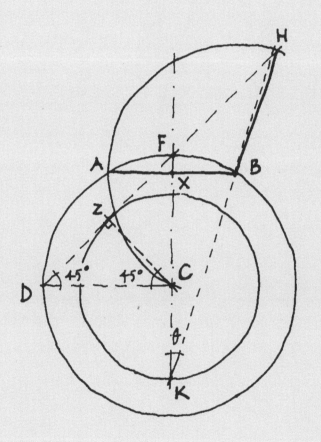

삼각형 DCZ에서
$DC^2=CZ^2+DZ^2$
CZ=DZ 이고 DC=1
따라서 $1=2×CZ^2$
$∴ CZ=\sqrt{0.5}=0.70710678=CK$

삼각형 BKX에서
XK=XC+CK=0.8660254+0.70710678
        =1.57313218
∠BKX=$θ$ 라고 하면
$\tanθ=XB/XK$
      =0.5/1.57313218
      =0.31783725
$∴ θ=17.6322°$

정오각형에서 이 각은 18°
이 작도의 정확도는 97.96% 이다.

원의 반지름 AB=2 라고 하면

AO=1

삼각형 AOG에서

∠AGO=θ 라고 하면

$\tan\theta = 1/3$

따라서 $\theta = 18.43495°$

정오각형에서 이 각은 18°이므로

이 작도의 정확도는 $18/18.43495 \times 100 = 97.64\%$ 이다.

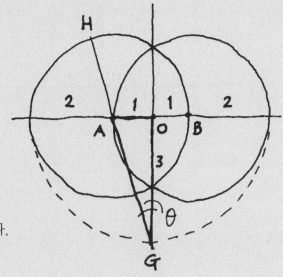

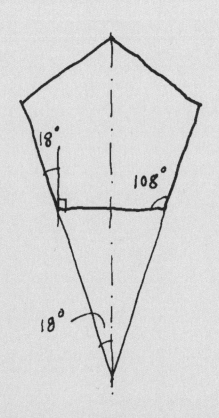

88

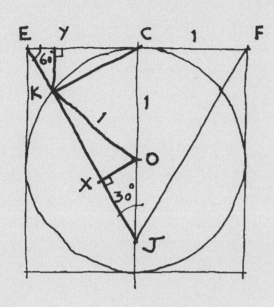

원의 반지름을 1 이라 하면
OC, OK, EC, CF=1 이다.
정삼각형 EFJ에서
EJ=EF=2, $\angle JEC=60°$ 이다

삼각형 JEC에서
$\tan 60° = CJ/1$
따라서 $CJ = \tan 60° = 1.732050808$
$\therefore OJ = CJ - CO = 1.732050808 - 1 = 0.732050808$

삼각형 OJX에서
$XJ = OJ \times \cos 30° = 0.633974596$
$OX = OJ \times \sin 30° = 0.366025404$

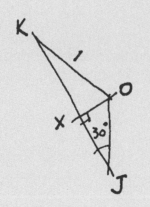

삼각형 KOX에서
$KX^2 + OX^2 = OK^2$
따라서 $KX = \sqrt{1 - OX^2} = 0.93060486$

$EJ = 2 = EK + KX + XJ$
$EK = 2 - (KX + XJ) = 0.43542055$

삼각형 YEK에서

YK=EK×sin60°=0.37708525

EY=EK×cos60°=0.21771027

EC=1 이므로

YC=1−EY=0.78228973

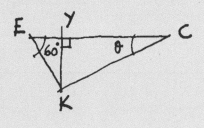

삼각형 YCK에서

∠YCK=θ라고 하면

tanθ=YK/YC

따라서 θ=25.735°

정칠각형 내부 중심각의 절반은 360°/14=25.714°

이 작도의 정확도는 25.714/25.735×100=99.9% 이다.

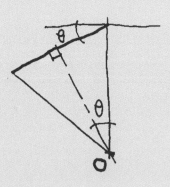

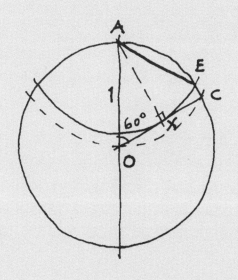

원의 반지름 OA=AC=1

삼각형 OAC는 정삼각형

삼각형 AOX에서(선분 AX는 ∠OAC를 이등분한다)

$AX = \sin 60° = 0.8660254 = AE$

정칠각형에서 한 변의 길이는 $2 \times \sin(360°/14) = 0.86776748$

이 작도의 정확도는 $0.8660254 / 0.8677648 \times 100 = 99.79\%$ 이다.

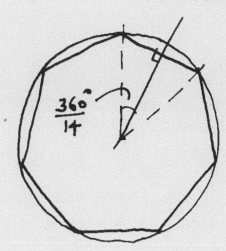

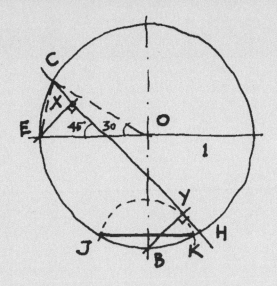

원의 반지름 OE=OB=OC=1 이라고 하자.

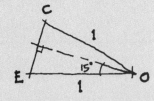

삼각형 EOC에서

$EC=2\times\sin15°=0.51763809$

삼각형 CEX에서

$EX=EC\times\cos30°=0.4482877=BY=BK$

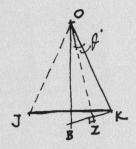

삼각형 ZOK에서

$OK=OB=1,\ ZK=BK/2$

$\angle ZOK=\theta$ 라고 하면

$\tan\theta=BK/2$

따라서 $\theta=12.633686°$

$\angle JOK=4\times\angle\theta=50.534743°$

정칠각형의 내부 중심각은 $360°/7=51.428571°$

이 작도의 정확도는 $50.534743/51.428571\times100=98.26\%$ 이다.

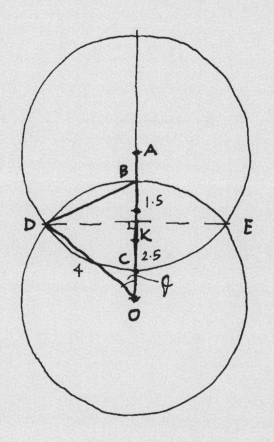

눈금 하나의 길이를 1이라고 하면
OA=5

삼각형 DOK에서
OD=4(원의 반지름), OK=5/2(OA의 절반)
따라서 $DK^2 = OD^2 - OK^2$
$= 4^2 - (5/2)^2$
$= 39/4$

삼각형 DKB에서
KB=3/2
따라서 $DB^2 = DK^2 + KB^2$
$= 39/4 + 9/4$
$= 48/4 = 12$
$\therefore DB = \sqrt{12}$

삼각형 DOB에서
∠DOB=θ 라고 하면
$\sin(\theta/2) = DB/2 \div DO = \sqrt{12}/2 \div 4$
따라서 $\theta/2 = 25.6589063°$
$\therefore \theta = 51.3178126°$

정칠각형의 내부 중심각은 $360°/7 = 51.4285714°$
이 작도의 정확도는 $51.3178126/51.4285714 \times 100 = 99.78\%$ 이다.

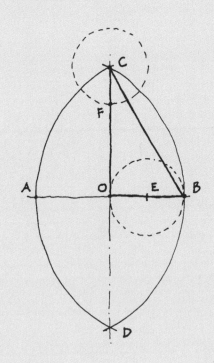

AB=1=AC=BC 라고 하면

AO=OB=1/2

EO=EB=1/4

삼각형 COB에서

$CB^2=CO^2+OB^2$

$CO=\sqrt{1-1/4}=\sqrt{3}/2$

CF=EO=1/4

따라서 $OF=\sqrt{3}/2-1/4=0.6160254$　　…①

정칠각형 내부의 삼각형 AXO에서

$\angle AXO=\theta$ 라고 하면

$\angle AXB=3\times360°/7$

$\theta=1/2\times3\times360°/7=77.142857°$

그러므로 $OX=1/(2\times\tan\theta)=0.1141217$

$AX=1/(2\times\sin\theta)=0.512858=XF$

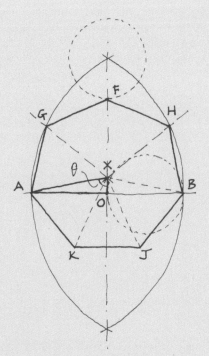

$OX+XF=0.1141217+0.512858$

　　　$=0.626980=OF$　　　…②

①과 ②의 값을 비교해보면 작도의 정확도는

$0.6160254/0.626980\times100=98.25\%$ 이다.

원에 내접하는 정구각형 작도하기 52쪽

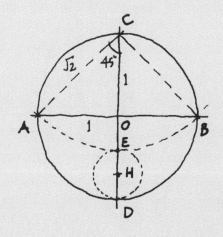

원의 반지름을 1이라고 하면

OA=OB=OC=1

CD=2

CE=CA=CB=$\sqrt{2}$ 이므로(45° 직각삼각형의 빗변)

ED=CD−CE=2−$\sqrt{2}$

따라서 EH=(2−$\sqrt{2}$)/2

∴ CH=$\sqrt{2}$+(2−$\sqrt{2}$)/2

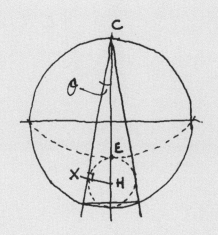

삼각형 HCX에서

HX=EH

∠HCX=θ 라고 하면

$\sin\theta$=HX/CH

따라서 θ=9.879282°

정구각형에서

$\tan\theta$=$\tan$20°/2

∴ θ=10.314105°

이 작도의 정확도는

9.879282/10.314105×100=95.78% 이다.

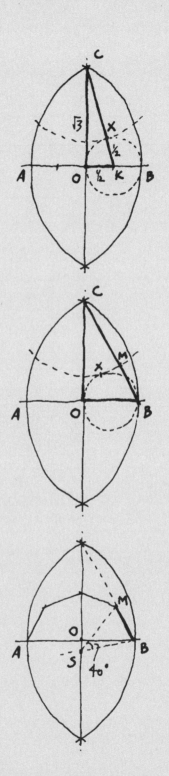

AB=CB=2 이면

AO=OB=1, OK=KB=0.5

CO=$\sqrt{3}$(한 변의 길이가 2인 정삼각형의 수직축)

삼각형 COK에서

$CK^2=CO^2+OK^2$

　　$=3+0.25$

따라서 CK=1.8027756

CK=CX+XK

XK=OK=0.5

∴ CX=1.8027756−0.5

　　$=1.3027756$

삼각형 COB에서 CB=2,

위 계산에 따르면 CM=CX=1.3027756

∴ MB=2−1.3027756=0.6972244

선분 MB가 정구각형의 한 변이라면 삼각형 OSB에서

∠OSB=80° (360°/9라는 중심각의 두배)

따라서 SB=OB/sin80°=1/sin80°

　　　　$=1.0154266$

삼각형 BSM에서

∠BSM=40°

MB/2=sin20°×SB

∴ MB=0.6945927

이 작도의 정확도는 0.6945927/0.69722436×100=99.62% 이다.

정십일각형 작도하기 58쪽

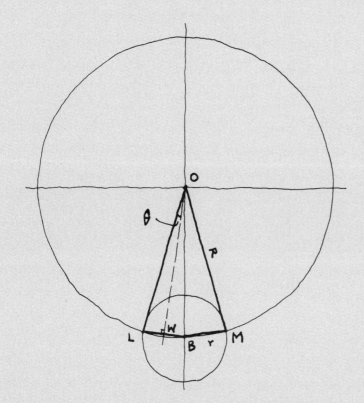

큰 원 O의 반지름을 R, 네 개의 중간 크기
원(원 B)의 반지름을 r이라고 하면
원 O의 지름(2R) 위에 r이 7개 놓이게 된다.

$\therefore 2R=7r$

삼각형 LOW에서

LO=R, LW=r/2

$\angle LOW=\theta$ 라고 하면

$\sin\theta=r/2R$

2R=7r이므로

$\sin\theta=1/7$

따라서 $\theta=8.213210°$

$\therefore \angle LOM=4\theta=32.852843°$

정십일각형의 내부 중심각은 360°/11=32.727272̇°
이 작도의 정확도는 32.727272/32.852843×100=99.62% 이다.

정십삼각형 작도하기 60쪽

정십삼각형에서 임의의 한 점에서 눈금 두 개를 지나 다른 점
과 연결한 현 2x의 길이는 다음과 같이 구할 수 있다.

$x=\sin(1.5\times360/13)°=0.66312266$

따라서 $2x=1.3262453$ ⋯ ①

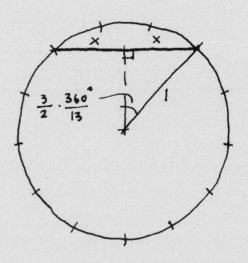

아래 작도의 삼각형 GEF에서

$GF=\sqrt{3}/2$ (한 변의 길이가 1인 이등변 삼각형의 높이)

따라서 $GE^2=EF^2+GF^2$

$\therefore GE=\sqrt{1+0.75}$

      $=1.3228757$ ⋯ ②

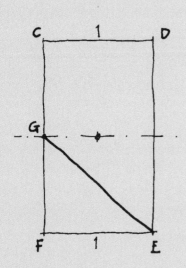

①과 ②의 값을 비교해보면 이 작도의 정확도는

  $1.3228757/1.3262453\times100=99.75\%$ 이다.

정사각형 한 변의 길이를 11이라고 하면
정사각형 둘레 길이=44
반지름 r=7

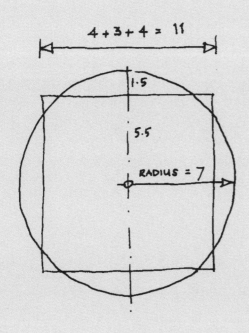

원둘레 =2πr
   =14×π =43.9823

이 작도의 정확도는 43.9823/44×100=99.96% 이다.

정사각형에 내접하는 원의 반지름 OD=OA=1이라고 하자.
내접원의 반지름은 정사각형 한 변의 길이의 절반이며
따라서 정사각형의 둘레는 8이 된다.

삼각형 JOD에서

OJ=OA/2=1/2

따라서 DJ2=OJ2+OD2

$\qquad$ =1/4+1

∴ DJ=$\sqrt{5}$/2

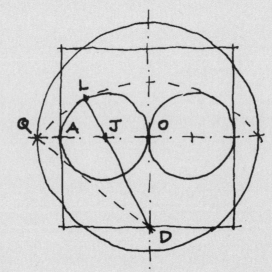

삼각형 QOD에서

 JL=OJ 이므로

QD=DJ+JL=$\sqrt{5}$/2+1/2=($\sqrt{5}$+1)/2

따라서 QO2=QD2−OD2

∴ QO=1.2720197

이것은 우리가 작도한 원의 반지름이므로

원둘레 2πQO=7.992335

사각형 둘레의 길이는 8

이 작도의 정확도는 7.992335/8×100=99.9% 이다.

QD 값은 Φ의 공식이기도 하므로

QO의 방정식을

QO^2=Φ^2−1=Φ 라고 쓸 수 있다.

따라서 QO=$\sqrt{\Phi}$=1.2720197

〈카이로스〉의 전언
기하의 세계를 탐험하는 사람들

〈카이로스Kairos〉는 예술과 과학의 전통적인 (영원무구한)가치의 재발견을 촉진한다는 명확한 목표를 위해 설립한 교육 자선 단체로 어떤 종파와도 상관없는 조직입니다.

카이로스란 비율과 적절한 때를 모두 지칭하는 말로, 콰드리비엄(중세 대학의 4교과, 즉 산술, 기하, 음악, 천문) 이 한 단어로 요약할 수 있습니다. 카이로스는 이 네 학문에 관계된 모든 자료라면 어떤 학파, 어떤 전통에서 나온 것이건, 특히 전 인류의 보편 언어인 산술, 기하, 음악(조화), 천문학(우주론)의 상호관계에 대한 이해를 증진시켜줄 수 있는 것이라면 두 팔 벌려 환영합니다.

오랜 세월 동안 수많은 이가 저서 또는 미국과 영국에서 진행한 수업과 워크숍을 통해 기하 세계를 향한 우리의 탐험에 함께 해왔습니다. 그 모든 이들에게 감사를 전합니다.

존 미첼John Michell, 폴 마찬트Paul Marchant, 마이클 벤 엘리Michael Ben Eli, 조나단 호닝Jonathan Horning, 스티브 바스Steve Bass, 피터 길버트Peter Gilbert, 줄리안 칼리온Julian Carlyon, 파루크 후세인Farooq Hussain, 데이빗 그린David Green, 칼 코브스키Carl Kowsky, 데이빗 태스커David Tasker, 데이빗 막스David Marks, 줄리아 바필드Julia Barfield, 레웰린 보한-리Llewellyn Vaughan-Lee, 제인 캐롤Jane Carroll, 리처드 와딩턴Richard Waddington, 로

......

1 역주: 그리스 신화에 나오는 제우스의 아들. 기회의 신. 의식적이고 주관적인 시간, 순간의 선택이 인생을 좌우하는 기회의 시간이자 결단의 시간을 의미한다.

버트 로울러Robert Lawlor, 레이첼 플레처Rachel Fletcher, 로버트 모란트Robert Meurant, 스콧 올센Scott Olsen, 랜스 하딩Lance Harding, 존 마티너John Martineau, 라미즈 사바Ramiz Sabbagh, 데이빗 포스테인David Feurstein, 리처드 셰퍼Richard Chaffer, 닉 코프Nic Cope, 아담 테트로우Adam Tetlow, 리처드 헨리 Richard Henry, 톰 브리Tom Bree, 자라 후세인Zara Hussain, 리사 드 롱Lisa de Long, 데이빗 반즈David Barnes, 존 로이드John Lloyd, 아나 마리아 기랄도Ana Maria Giraldo, 다니엘 도체르티Daniel Docherty, 하나 히자지Hana Hijazi, 그리고 나의 스승이신 세르게이 캐드레이Sergei Kadleigh

무엇보다 수 세기를 거치면서 후손들에게 기하학이 가진 힘과 지혜를 전승해주었던 위대한 스승들의 공헌을 빼놓아서는 안 될 것입니다. 덧붙여 대성당과 교회 건물이 지닌 경이로움과 위대함, 과학을 부활시키기 위해 헌신해온 학자들과 기하학 연구자들 역시 기억합니다. 오늘날 세계의 위대한 신성 건축물에 담긴 (대부분 신비학의 의미를 가진) 기하에 대한 관심이 다시 불붙기 시작한 것은 가장 중요한 배움을 잃어버렸다는 현대인들의 느낌에 기인합니다. 본질적인 배움이 사라진 자리에는 엄청난 양의 정보가 들어서 있습니다. 이는 물론 현대의 컴퓨터 기술 덕분입니다. 유럽 교회 학교 전통의 토대라 할 수 있는 콰드리비엄의 진정한 의미가 사람들의 진지한 관심 속에 다시 우리 곁으로 돌아오고 있습니다. 존 앨런이 쓴 이 책은 근본 학문의 부활에 큰 힘이 될 것이고, 이 책을 읽고 연습하는 사람들에게 상상도 하지 못할 놀라운 방식으로 축복이 될 것입니다.

키스 크리츨로우
2007년 3월

추천 도서

Critchlow, K.B. _1969   『우주의 질서Order in Space』 Thames & Hudson, London

_1975   『사르트르 성당의 미로Chartres Labyrinth』 Vaughan Lee, L.Carroll J.
RILKO publication, Kairos에서 2002년 재인쇄

_1976   『이슬람 문양Islamic Patterns』 Thames & Hudson, London

_1979   『멈춰 선 시간Time Stands Still』 Gordon Fraser Gallery,
London(2007년 Floris Books, Edinburgh에서 재출간)

Ghyka, M. _1952   『기하 구성과 디자인을 위한 실용 안내서A Practical Handbook of
Geometrical Composition and Design』 Alec Tiranti, London

Lawlor, R. _1982   『신성 기하학: 철학과 실재Sacred Geometry: philosophy and
practice』 Thames & Hudson, London

Lundy, M. _2000   『신성 기하학Sacred Geometry』 Wooden Books, Wales

Michell, J. _1973   『신탁의 도시City of Revelation』 Sphere Books, London

Martineau, J. _1995   『우연성에 관한 책A Book of Coincidence』 Wooden Books, Wales

Olsen, S. _2006   『황금 분할The Golden Section』 Wooden Books, Wales
『포물선Parabola』 ⅩⅥ권, No.4, 1991년 11월
『황금 비율: 리처드 템플과 키스 크리츨로우의 대담The Golden
Proportion: a conversation between Richard Temple and Keith
Critchlow』

Schwaller de Lubicz, R.A. _1977
『인간 내부의 신전The Temple in Man』 Inner Tradition, Rochester,
Vermont, USA (R.&D.Lawlor 번역)

지은이, 존 알렌

기하를 이용해서 아름다운 건물을 창조하는 일을 하는 건축가이다.
또한 오랜 세월 동안 학생들을 가르치고 많은 강좌와 콘퍼런스에서 강연을 해왔다.

이 책에 대한 독자들의 의견을 환영하며, 아래의 웹사이트에 글을 남겨주기 바란다.
www.jonallenarchitect.co.uk

 재생 종이로 만든 책

푸른 씨앗의 책은 재생 종이에 콩기름 잉크로 인쇄합니다.
걸지_ 한솔제지 앙코르 190g/m²
속지_ 전주페이퍼 Green-Light 100g/m²
인쇄_ (주) JEI 재능인쇄 | 031-956-3167